U0183487

山东社会科学院　主办　　·2016年创刊·

中国海洋经济

MARINE ECONOMY IN CHINA

主编　孙吉亭

2019年第2期　总第8期

社会科学文献出版社
SOCIAL SCIENCES ACADEMIC PRESS (CHINA)

学术委员

Academic Committee

编　委　会

Editorial Committee

历心于山海而国家富
——主编的话

海洋是生命的摇篮、资源的宝库，也是人类赖以生存的“第二疆土”和“蓝色粮仓”。中国自古便有“舟楫为舆马，巨海化夷庚”的海洋战略和“观于海者难为水，游于圣人之门者难为言”的海洋意识，中国海洋事业的发展也跨越时空长河和历史积淀而逐步走向成熟、健康、可持续的新里程。从山东半岛蓝色经济区发展战略的确立到“一带一路”重大倡议的推动，海洋经济增长日新月著。一方面，随着国家海洋战略的不断深入，高等院校、科研院所以及政府、企业对海洋经济的学术研究呈现破竹之势，急需更多的学术交流平台和研究成果传播渠道；另一方面，国际海洋竞争的日趋激烈，给海洋资源与环境带来沉重的压力与负担，亟须我们剖析海洋发展理念、发展模式、科学认知和科学手段等方面的深层问题。《中国海洋经济》的创刊恰逢其时，不可阙如。

当我们一起认识中国海洋与海洋发展，了解先辈对海洋的追求和信仰，体会中国海洋事业的艰辛与成就，我们会看到灿烂的海洋遗产和资源，看到巨大的海洋时代价值，看到国家建设“海洋强国”的美好愿景和行动。我们要树立“蓝色国土意识”，建立陆海统筹、和谐发展的现代海洋产业体系，要深析明辨，慎思笃行，认真审视和总结这一路走来的发展规律和启示，进而形成对自身、民族、国家、海洋及其发展的认同感、自豪感和责任感。这是《中国海洋经济》栏目设置、选题策划以及内容审编所遵循的根本原则和目标，也是其所秉承的“海纳百川、厚德载物”理念的体现。

我们将紧跟时代步伐，倾听大千声音，融汇方家名作，不懈追求国际性与区域性问题兼顾、宏观与微观视角集聚、理论与经验实证并行的方向，着力揭示中国海洋经济发展趋势和规律，阐述新产业、新技术、新模式和新业态。无论是作为专家学者和政策制定者的思想阵地，还是作为海洋经济学术前沿的展示平台，我们都希望《中国海洋经济》能让观点汇集、让知识传播、让思想升华。我们更希望《中国海洋经济》，能让对学术研究持有严谨敬重之意、对海洋事业葆有热爱关注之心、对国家发展怀有青云壮志之情的人，自信而又团结地共寻海洋经济健康发展之路，共建海洋生态文明，共绘“富饶海洋”“和谐海洋”“美丽海洋”的蔚为大观。

孙吉亭

2016 年 4 月

寄语 2019

过去的一年，我们迎来了改革开放 40 周年。40 年后的今天，在海洋强国战略指引下，中国人民已经开始从近海浅水走向深海远洋，中国海洋事业进入历史上最好的发展时期：海洋经济总体实力显著增强，海洋产业蓬勃发展，2018 年全国海洋生产总值 83415 亿元，比上年增长 6.7%，海洋生产总值占国内生产总值的 9.3%。海洋科技创新能力持续提高，突破了一批制约海洋生物、海水利用、海工装备、海洋信息和海洋能源等新兴产业发展的关键技术，成功转化了一批重大海洋科技成果。海洋科考广泛展开，海洋装备飞速发展，海洋牧场成效显著，智慧海洋顺利建设。海洋防灾减灾体系逐步完善，以快速提升海洋预警减灾能力为主线，沿海各地加快推进和构建地方特色的海洋预报减灾业务体系，在服务和保障海洋经济健康快速发展和社会和谐稳定中地位凸显。海洋生态文明不断推进，严格立法保护，挖掘海洋经济发展新模式，在全社会培育保护海洋生态共识，倡导“人海和谐”文明风尚。14 个海洋经济发展示范区获批建立，突出区域特点，立足比较优势，发挥引领作用，推动了海洋经济的高质量发展。积极参与全球治理体系改革和建设，继续秉承和平发展、互利共赢的合作理念，致力于推动与各国在海洋领域的务实合作，构建和发展蓝色伙伴关系。

翻开《中国海洋经济》，感谢我们一路同行，共同用学术记录着中国海洋经济发展与前进的脚步。“天下之至柔，驰骋天下之至坚”，这就是坚守的力量。毫无疑问，正是每一位海洋科研奋斗者的呵护，使《中国海洋经济》成为新锐之秀，相伴每一位海洋科研人跟随新时代一同前行。愿我们一起，将这份力量壮大、传扬。

孙吉亭

2019 年 4 月

目　录

（2019 年第 2 期　总第 8 期）

海洋产业经济

山东省刺参产业提升发展的战略思考 ……………… 李成林　赵　斌 / 001

山东省海参资源开发评价与优化
…………………………… 卢　昆　李　帆　孙　娟　Pierre Failler / 016

中国船舶产业产能供需影响因素研究 …………………… 谭晓岚 / 029

山东省渔业发展转型升级探讨 ………………………… 潘树红 / 044

山东省水资源瓶颈与海水资源产业发展 ……………… 王海超 / 058

中国沿海省（自治区、直辖市）发展远洋渔业的动因
…………………………………… 陈　晔　黄　婷　蒋　羽 / 069

山东省海洋高新技术企业发展 ………… 郭文波　李　彬　李　磊 / 080

海洋区域经济

优化和拓展口岸功能　创造青岛对外开放新高度
…………………………………… 李　立　刘爱花　刘　凯 / 092

北极航道开发与“冰上丝绸之路”建设的关系及影响
…………………………………… 杨振姣　王　梅　郑泽飞 / 108

青岛推进军民融合深度发展的对策 ……………………… 周　娟 / 127

山东省与中国主要沿海经济区域协同发展 ……………… 王　圣 / 136

海洋文化产业

山东省海洋旅游品牌塑造思考 …………………………………… 梁永贤 / 147
基于文化视角的滨州市港口发展理论探索 …………………… 尹德伟 / 163
香港大澳海洋生态旅游发展的经验与启示 …………………… 关晓青 / 177
中国海洋文化语义分析和对海洋文化产业的作用 …………… 洪　刚 / 188

《中国海洋经济》征稿启事 ………………………………………………………… / 201

CONTENTS

(No.2 2019)

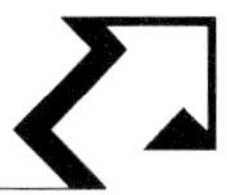

Marine Industrial Economy

Strategic Thoughts on Promotion and Development of Sea Cucumber Industry in Shandong Province *Li Chenglin, Zhao Bin* / 001

The Evaluation and Optimization of Sea Cucumber Resource Exploitation in Shandong *Lu Kun, Li Fan, Sun Juan, Pierre Failler* / 016

An Analysis of the Impact the Capacity Supply and Demand of China's Shipping Industry *Tan Xiaolan* / 029

The Transformation and Upgrading of Fishery Development in Shandong *Pan Shuhong* / 044

Water Resource Bottleneck and Seawater Resources Industry Development in Shandong *Wang Haichao* / 058

The Analysis about the Driving Force of Deep Waters Fishing along Chinese Coastal Provinces *Chen Ye, Huang Ting, Jiang Yu* / 069

The Thinking about Development of Ocean High-tech Enterprise in Shandong *Guo Wenbo, Li Bin, Li Lei* / 080

Marine Regional Economy

Optimizing and Extending the Functions of Ports in Qingdao to Promote the Opening up to the World *Li Li, Liu Aihua, Liu Kai* / 092

The Relationship and Impact between the Development of the Arctic Channel

and the Construction of the "Ice Silk Road"
Yang Zhenjiao, Wang Mei, Zheng Zefei / 108

The Countermeasures of Qingdao to Promote the In-depth Development of Military and Civilian Integration *Zhou Juan* / 127

The Coordinated Development between Shandong Province and the Main Coastal Economic Regions of China *Wang Sheng* / 136

Marine Culture Industry

Thinking about Brand Building of Marine Tourism in Shandong
Liang Yongxian / 147

Theoretical Exploration of Port Development in Binzhou City Based on the Perspective of Culture *Yin Dewei* / 163

Experience and Enlightenment of Marine Ecotourism Development in Tai O, Hong Kong *Guan Xiaoqing* / 177

Semantic Analysis of Chinese Marine Culture and Effect on Marine Culture Industry *Hong Gang* / 188

Marine Economy in China **Notices Inviting Contributions** / 201

山东省刺参产业提升发展的战略思考*

李成林　赵　斌**

摘　要：随着人们养生保健意识的增强及其对生态环境和产品质量安全的日益重视，刺参产业成为拉动消费升级、促进国民健康事业发展的重要引擎。山东省是中国刺参的重要原产地和第一养殖大省。刺参产业成为山东省海水养殖支柱产业。本文从政策导向、产业需求、社会发展和生态环保等方面分析了山东省刺参产业提质增效健康发展的必要性，围绕环境条件、基本产出、空间布局、科技支撑、经营模式、品牌建设等要素阐述了产业发展的现实基础，分析了产业发展瓶颈和面临的挑战，基于升级全产业链条、完善产业支撑与保障体系、推进产业绿色发展、实现产业提质增效等方面提出了发展路径和对策建议。

关键词：养生保健　刺参产业　绿色发展　质量追溯体系　海水养殖

山东省是中国刺参的重要原产地和第一养殖大省，生产区域主要分布在威海、烟台、青岛、东营等沿海地区①。“十二五”以来，山东省充分发挥

* 本文为山东省现代农业产业技术体系刺参产业创新团队建设项目（编号：SDAIT－22）、山东省泰山产业领军人才工程（编号：LJNY201613）、山东省农业良种工程（编号：2017LZGC010）阶段性成果。

** 李成林（1964～），男，山东省海洋生物研究院种质资源研究中心主任、研究员，山东省泰山产业领军人才、山东省现代农业产业技术体系刺参产业创新团队首席专家、山东省农业农村专家顾问团水产分团专家，主要研究领域为水产增养殖、生境修复、遗传育种。赵斌（1980～），男，山东省海洋生物研究院副研究员，主要研究领域为水产增养殖、遗传育种。

① 李成林、胡炜：《我国刺参产业发展状况、趋势与对策建议》，载孙吉亭主编《中国海洋经济》2017年第1期，社会科学文献出版社，2017。

海洋科技强省优势，开展了一系列刺参生产重大关键技术的研发与成果转化推广，形成了从刺参育苗、养殖、加工到市场流通较为完善的全产业链体系，有力地推动了刺参产业发展。目前，山东省刺参苗种和养殖的年生产能力稳居全国第一，且在刺参种质资源创制、绿色健康养殖模式研发与推广等产业科技创新领域一直处于引领地位。

刺参是具有独特养生保健和生态环保作用的高值海水养殖品种，也是山东省推动水产养殖业绿色发展和加快产业新旧动能转换的重要品种①。针对目前山东省刺参产业发展的基础与优势、瓶颈与挑战，提出有效推进山东省刺参产业健康持续发展的路径与对策，可为刺参产业的转型升级和提质增效提供理论依据和重要参考，对加快海洋强国建设、推进乡村振兴战略和“海上粮仓”建设等具有重要意义。

一　产业发展符合时代需求

（一）符合国家政策导向

党的十九大报告明确提出绿色发展战略，为渔业现代化建设指明了方向。2019 年 2 月 15 日，农业农村部、生态环境部等十部委联合印发了《关于加快推进水产养殖业绿色发展的若干意见》。这是中华人民共和国成立以来第一个经国务院同意、专门针对水产养殖业的指导性文件，是新时代指导中国水产养殖业绿色发展的纲领性文件。该意见要求增加优质、特色、绿色、生态的水产品供给。这成为当下提升发展刺参这一山东省传统优势海水养殖产业的良好契机。紧跟国家政策导向，准确结合山东省发展实际，进一步优化刺参产业结构，有效提升产业素质和科技水平，为人民提供生态环保的绿色产品，打造水产养殖业绿色发展的齐鲁样板，在当下具有重要战略意义。

（二）符合产业自身发展需求

国内刺参人工繁育技术于 20 世纪 70 年代取得突破，相关增养殖技术研

① 唐启升、丁晓明、刘世禄：《我国水产养殖业绿色、可持续发展保障措施与政策建议》，《中国渔业经济》2014 年第 2 期。

究也陆续开展[①]。至 21 世纪初，随着人们经济收入的增长和保健意识的提高，产品消费需求不断增加，奠定了刺参产业发展的基础。尤其是 2003 年以来，产业的发展速度和拓展规模均达到前所未有的水平，在国内形成了继海带、对虾、扇贝、海水鱼类养殖之后“第五次”海水养殖产业浪潮[②]。在山东省海水养殖产业中，刺参产业是名副其实的支柱产业。2018 年，山东省刺参年产量 9.22 万吨，产值逾 180 亿元，用仅占全省海水养殖 1.7% 的产量创造了全省海水养殖近 20% 的产值。然而，在良好的背景下，刺参产业仍面临持续不断的异常气候和环境的负面影响。同时，育养加工等一系列制约瓶颈依然存在。转变产业发展方式、提高可持续发展能力，是未来山东省刺参产业提升发展的重要任务。

（三）符合国内社会发展需求

在中国，刺参自古就是名贵的海珍产品，有“海中人参”的美誉。现代科学证实，刺参活性物质具有促进脂蛋白代谢、提高机体免疫力、延缓衰老、改善睡眠、抵抗疲劳等多种营养功效和保健作用。随着人们对刺参营养保健功效的日趋认同以及生活消费水平的日益提高，刺参逐渐成为越来越多消费者追求养生的首选原生产品。刺参消费区域由北方沿海地区向南方沿海地区及中西部内陆地区延展，消费群体由高收入群体向中等收入群体扩展，消费年龄层趋向年轻化，消费空间拓展潜力巨大，市场前景广阔。刺参产业已成为拉动消费升级、提高人民生活质量、促进国民健康事业发展的重要引擎。

（四）符合生态文明建设需求

刺参作为海洋多元化生态系统中典型的沉积食性动物，在物质循环和能量流动过程中起到净化修复作用，是多营养层级养殖系统中的“清道夫”。此外，刺参可将沉积物中的碳吸收并储存在分散的骨片中，起到生物固碳作用[③]。随着海水养殖产业逐渐向资源节约型方向发展，刺参增养殖产业特别是

---

① 姜森颢、任贻超、唐伯平、李超峰、蒋从兵：《我国刺参养殖产业发展现状与对策研究》，《中国农业科技导报》2017 年第 9 期。

② 李成林、宋爱环、胡炜：《山东省刺参养殖产业现状分析与可持续发展对策》，《渔业科学进展》2010 年第 4 期。

③ 公丕海：《海洋牧场中海珍品的固碳作用及固碳量估算》，硕士学位论文，上海海洋大学，2014，第 18 页。

生态混养、浅海底播等方式完全符合环境友好型产业发展需求，成为当前发展绿色、低碳的新兴海水养殖产业的良好示范，对于减缓全球气候变化、保障食物安全、保护生态环境和生物多样性、促进生态文明建设具有积极作用。

二　产业发展具备现实基础

近年来，山东省刺参产业依托自然资源、政策导向与科技支撑，形成了较为完善的育苗、养殖、加工、流通和营销的全产业链体系；构建了符合地域资源优势特色的东部和西部两大养殖优势产业带；汇聚了高校与科研院所技术力量，开展了一系列重大共性关键技术的攻关与成果转化推广，培育了高端人才与技能人才；成立了产业联盟与专业协会等相关产业组织；制定了一系列法规、管理办法，为山东省刺参产业的提升和发展奠定了现实基础。

（一）自然环境条件优越

山东省海岸线长 3000 多公里，近海海域占渤海和黄海总面积的 37%，符合第一类海水水质标准的海域面积占全省海域面积的 90%，海洋沉积物质量总体良好，海洋生物多样性和群落结构基本稳定，为刺参产业发展提供了良好的自然条件。东部烟台、威海、青岛、日照等地区海域内广泛分布岩礁、砂砾、细砂等不同底质，为刺参增养殖模式的多元化开发创造了得天独厚的条件。西部黄河三角洲地区黄河流经入海，滩涂平坦、潮间带跨度较大，海区营养盐和有机物丰富，初级生产力较高，适宜适度发展不同生产模式的池塘养殖。

（二）基本产出领跑全国

“十二五”以来，山东省刺参产业各项基本产出一直处于国内领跑地位①。其中：增养殖规模总体呈先增长后稳定的趋势，由 2011 年的 51353 公顷增至 2018 年的 88116 公顷，增幅达 71.6%（见图 1）；产量总体呈稳中增长趋势，由 2011 年的 71011 吨增加至 2018 年的 92228 吨（见图 2），增幅达 29.9%；2018 年产量占全国总产量的 52.9%，稳居国内首位。

2013～2018 年，山东省刺参苗种产量占中国总产量的比例均在 55% 以

① 《中国渔业统计年鉴》，中国农业出版社，2012～2019。

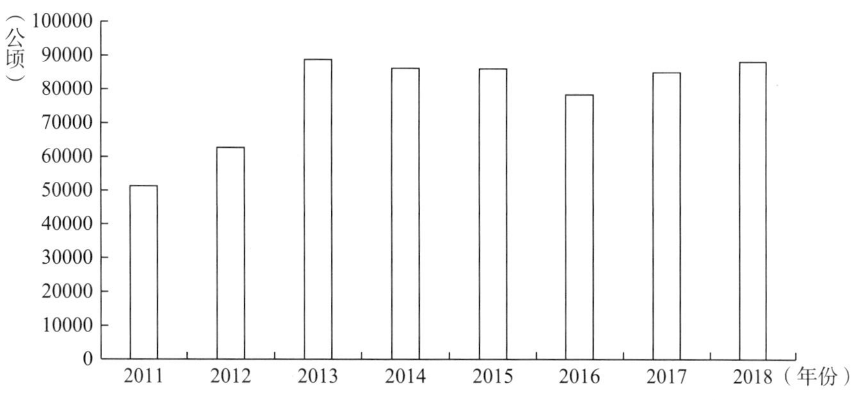

图 1　2011～2018 年山东省刺参增养殖规模

资料来源：2011～2018 年《中国渔业统计年鉴》，中国农业出版社，2012～2019。

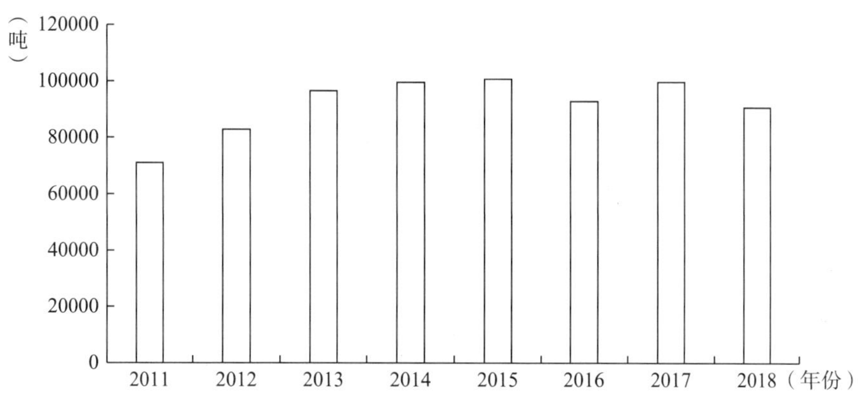

图 2　2011～2018 年山东省刺参产量

资料来源：2011～2018 年《中国渔业统计年鉴》，中国农业出版社，2012～2019。

上。2018 年，山东省刺参苗种产量达 345.70 亿头，占中国刺参苗种产量的 61.6%（见表 1）。

表 1　2013～2018 年中国主要省份刺参苗种产量

单位：亿头

省份	2013 年	2014 年	2015 年	2016 年	2017 年	2018 年
山东	443.58	489.09	495.45	421.15	310.97	345.70
辽宁	290	249	206	198	209	205
河北	4.11	6.61	6.26	11.77	7.83	10.40
福建	0.13	0.15	0.17	0.19	0.20	0.20
广东	—	0.70	0.02	0.07	0.09	0.09
总计	737.82	745.55	707.90	631.18	528.09	561.39

资料来源：2013～2018 年《中国渔业统计年鉴》，中国农业出版社，2014～2019。

（三）产业空间布局稳定

山东省刺参产区主要分布在威海、烟台、青岛、东营等沿海地区，尤其是 2007 年“东参西养”创新模式的成功开发使全省刺参养殖规模大幅扩大，形成了符合当地资源优势的东、西部两大优势产业带和相对稳定的产业空间布局。

1. 各辖区产业布局

截至 2019 年，山东省有 70.6 万亩浅海增殖、50.9 万亩池塘养殖、4500 余亩工厂化养殖和少量围堰养殖等。其中，胶东地区几乎覆盖山东省全部的浅海增殖区，主要分布在烟台、威海、青岛、日照等地区；胶东地区池塘养殖面积约占山东省池塘养殖面积的一半，主要分布在威海地区；胶东地区工厂化养殖主要分布在烟台、日照、威海地区。西部黄河三角洲地区基本为池塘养殖，主要分布在东营地区。

2. 苗种—增养殖—加工企业分布

山东省从事刺参苗种、增养殖和加工的规模以上企业已达上千家，其分布呈现显著的空间集聚特征。其中，苗种生产企业主要集中在烟台、威海和青岛地区，企业数量占全省的比例超过 80%；增养殖企业主要分布在胶东地区，其中烟台和威海的增养殖企业数量相对较多，形成全省产业密集区；加工生产企业主要集中在烟台、威海和青岛地区。

（四）科技创新支撑引领

作为海洋科技强省，山东省始终坚持将科技创新作为推动现代渔业建设的强大动力。引领国内海水养殖浪潮兴起的技术突破与模式创新均发自山东省。近年来，山东省更是充分发挥科技创新的引领支撑作用，在刺参产业发展进程中蓄积了坚实的研发基础与雄厚的技术力量。

1. 科技创新平台与人才团队

山东省刺参产业发展离不开科研机构、创新平台技术支撑和团队人才支持。依托海洋科技强省优势，山东省汇聚了 15 家中央驻鲁海洋科研教学单位，拥有全国近 50% 的高层次海洋科技人才，拥有两院院士、泰山系列人才、“千人计划”等各类高端人才百余人，拥有海洋渔业领域科技人员 1 万余名，拥有省、部级及以上涉渔重点实验室、工程技术研究中心、企业技术中心等科技创新平台150余个①。在人才团队方面，设立了山东省现代农业产业技术体系刺参产业创新团队、山东省水产养殖病害防治专家委员会海参专业组等从事刺参领域研究的专家团队，为刺参产业提升提供了强有力的技术支撑和智力支持。

2. 新品种研发情况

种业创新始终是渔业科技创新体系的基础与核心。截至2019年6月，共有6个刺参新品种通过全国水产原种和良种审定委员会审定，其中有5个出自山东省，仅1个出自辽宁省。这彰显出山东省在刺参种质创制领域的绝对优势。经过十余年持续选育与连续投入，山东省刺参相关研究团队与育种企业在新品种研发领域厚积薄发，自2018年以来集中涌现出山东安源水产股份有限公司、中国科学院海洋研究所、中国水产科学研究院黄海水产研究所、山东省海洋生物研究院分别选育的“安源1号”“东科1号”“参优1号”“鲁海1号”等4个新品种。尤其是在山东省农业良种产业化项目和山东省农业良种工程等省级项目近20年的持续支持下，山东省海洋生物研究院2005～2013年采用群体内累代选育技术，以生长速度快、适温范围广为主要目标性状，经过连续4代选育，形成速生特征明显、成活率高、抗逆性强、性状稳定的刺参“鲁海1号”新品种。该品种成为首个省级科研单位选育的尤为适宜山东省沿海养殖的新品种。新品种的示范推广应用已取得较大的生态效益和经济效益，为山东省乃至全国刺参产业的持续提升发展奠定了坚实的基础。

3. 标准体系建设现状

自1988年起，国内陆续制（修）订了十余项与刺参有关的技术标准，用以规范生产。山东省作为刺参养殖大省，自2006年起开始陆续制订符合省内刺参养殖的技术标准。山东省现行刺参标准共26项，其中国家标准2项、行业标准8项、山东省地方标准16项。“十二五”以来，山东省刺参产业创新团队在已有的刺参相关标准基础上，启动了标准体系构建工作，制订计划串联现有技术规范，建立了覆盖育种、增养殖、环境调控及加工等全产业链各环节的标准体系并应用于生产，有效弥补了现有标准的不足，推动了产业的规范化与标准化。

---

① 王健、王继业、李磊：《山东省海洋科技产业聚集发展研究》，《海洋开发与管理》2018年第8期。

4. 科技推广队伍情况

山东省刺参产业相关技术培训主体有省级渔业技术推广部门、地方渔业主管部门和技术推广站、省级刺参产业创新团队、山东省水产养殖病害防治专家委员会海参专业组等。技术培训组织方式主要包括山东省基层渔技推广体系改革与建设项目培训、新型农民学校实用技术技能培训、农广校阳光工程培训、各类科技入户和培训推广活动及各地市公益性专场活动等。培训对象主要为省内基层渔技推广技术人员、刺参生产从业人员以及基层技术骨干与养殖户等。技术培训辐射山东省内 27 个沿海县、市、区，新技术成果推广面积已达 80 余万亩，有效提升了刺参养殖从业者的技术水平，促进了渔业增效和渔民增收。

（五）模式创新多元发展

经过 20 余年的发展，山东省刺参产业从传统作坊式经营逐步走向规模化发展道路。过去分散型经营主体逐渐向组织化、标准化程度高的规模型主体转变。一批具有标准化养殖水平、符合可持续发展要求的典型龙头企业陆续涌现，集成创新出多种成功模式，为产业进一步提升奠定了动能基础。

1. 产业链一体化经营模式

该模式以企业内高组织化程度为特征，产业链条完整，产业链内多个环节具备技术创新与集成能力，成本控制和抗风险能力较强，在国内刺参领域具有较大影响力。典型代表为威海地区的好当家集团有限公司。该公司 40 万平方米标准化育苗车间全部用于刺参“鲁海 1 号”的扩繁。新品种的示范应用大幅提升了苗种产能，使成活率提高 24.5%，为公司带来良好的经济效益和社会效益。2019 年，该公司新建并投产的 50 万平方米育苗车间用于新品种扩繁与新种质创制；同时，该公司 10 万亩养殖基地设有 30 万个网箱用于苗种中间生态育成，加工与海参相关的上百种产品。该公司还在国内设立了 300 多家实体专卖店，形成了“中华好当家海参博物馆”等文化旅游品牌，打造了育苗、养殖、加工、营销等完整的刺参产业链条，产业结构合理，综合竞争优势明显。

2. 专业化高标准经营模式

该模式以专业化、差异化战略为指导，瞄准刺参产业细化分工市场，在产业链特定环节做精做强，以提供具有差别化竞争优势的高质量产品，从而屹立于市场中。典型代表为烟台地区的山东安源水产股份有限公司。该公司专注于刺参苗种的专业化和精准化生产，致力于优质抗逆苗种培育及新品种开发，选育的新品种“安源 1 号”品相优良，疣足数量稳定在 45 个以上，出皮率提高 10% 以上。同时，该公司采用订单式生产模式且水平较高，单产超过 10 千克/立方米，属同行业佼佼者。该公司新品种苗种表现出较强的市场溢价能力：受精卵售价 12000 元/亿粒，远高于普通品种的 4000～6000 元/亿粒；10～15 头/斤大苗售价 105 元/斤，高出市价 30%～40%。新品种的优良性状以及公司的良好口碑，奠定了该公司在刺参苗种市场的优势地位，助推了该公司的稳步发展。

3. 标准化短平快经营模式

该模式在传统非产区内合理、充分利用本地资源，发挥区位优势，发展分段式、接力式、循环式等养殖模式，有效规避养殖风险，显著提高综合效益。典型代表为东营地区的山东华春渔业有限公司等“东参西养”核心带的企业。它们通过提高生产标准化程度，实施刺参、对虾循环养殖等新模式，规避了自然因素对单一品种养殖生产造成的风险，提高了养殖池塘利用率，实现了对养殖废弃物的综合利用，减少了饲料、环境调控等投入品的使用，简化了生产步骤，有效降低了成本，提高了养殖综合效益。

（六）品牌建设进程加快

“十二五”以来，在政府鼓励与支持下，山东省刺参生产企业普遍注重品牌创建，加快了刺参品牌化建设进程，形成了“区域公用品牌 + 企业品牌”的良好发展态势，提升了本埠产品在国内市场的影响力和综合竞争力。

1. 区域公用品牌

2013 年，在政府的支持下，山东省渔业协会提出并打造了“胶东刺参”区域公用品牌。同时，刺参主产区均努力打造地域品牌，构建营销系统，相继推出诸如“威海刺参”“烟台海参”“黄河口海参”等地域特色品牌[①]。在 2015 年中国农产品区域公用品牌价值评估中，“威海刺参”以 51.37 亿元的估值成为价值最高的海产品品牌；2016 年，“胶东刺参”“威海刺参”入选中国最具影响力水产品区域公用品牌；苗种企业聚集的烟台蓬莱凭借年产

① 相昌慧、董华伟、侯仕营：《威海市海参产业发展现状及建议》，《现代农业科技》2017 年第 11 期。王文豪、李秀梅、王晓飞：《烟台海参产业发展与品牌建设探讨》，《中国水产》2019 年第 3 期。王晓东：《东营市海参产业发展存在的问题及对策》，《河北渔业》2014 年第 3 期。

苗种 160 亿头、占全国苗种产量近 30% 的育苗能力，荣获“中国海参苗种之乡”称号，彰显了区域特色。

2. 企业品牌

多年来，好当家、老尹家等知名企业在国内资本市场的运作，进一步提升了山东省刺参的品牌知名度。蓬安源、双举海参、宫品海参、神龙岛、金鲁源等品牌扩大了在全国市场的布局，通过专业品牌的管理运营在北京、沈阳等地市场深受消费者青睐。

三 产业面临的瓶颈与挑战

经过十余年的快速发展，山东省刺参产业在中国刺参产业中的优势地位明显，引领作用突出。然而，在刺参产业发展的红利下，山东省刺参产业仍不同程度地存在制约发展的瓶颈问题，在提质增效、绿色发展过程中面临不少挑战。坚持以问题为导向进行科学分析，提出相应的政策需求与亟待突破的技术难题，对山东省刺参产业的发展具有重要指导意义。

（一）产业发展风险犹存

自 2013 年起，受全球性气候异常变化的影响，夏季极端高温天气已成为常态，对中国的刺参养殖尤其是北方池塘养殖造成了严重影响。特别是 2018 年夏季的异常高温，使国内刺参养殖业遭受重创，受灾面积之大前所未有，其中辽宁、河北两省份损失惨重。在全球变暖的背景下，常态化的极端高温天气会时常伴随集中强降雨、持续闷热以及浒苔等大型绿藻与有害藻华泛滥等现象，同时产生次生灾害。这些都会给刺参产业带来严重或不利的负面影响。此外，在苗种质量、养殖技术与水环境、敌害与病害、饲料质量、现金流、产品市场等方面，也存在潜在的风险。

（二）良种覆盖亟待提升

在刺参苗种扩繁中，相当数量的养殖场盲目选择，导致养殖群体长期累代自繁，性状退化现象日趋严重，成活率低、抗逆性差、生长缓慢等问题逐渐显现。依据全国年产苗种量及商品参量测算，苗种养至成参的平均成活率不足 5%，严重制约了产业的健康持续发展。刺参种质的保存技术尚处在活体保存阶段，成本高且风险较大，限制了优质制种材料的供给。育苗企业规模化程度仍不高，存在“多、小、散、弱”现象，难以构建完整的育、繁、推体系，不利于种业的规模化生产和持续高效发展。根据刺参原良种场建设和新品种推广应用情况测算，目前刺参良种覆盖率不足40%，与农业部《“十三五”渔业科技发展规划》确定的水产良种覆盖率达到65%的目标还有较大差距。由此可见，刺参良种发展空间甚大且任重而道远。

（三）配套技术创新滞后

刺参产业存在生产及配套技术创新滞后、产能与效益不匹配等现象，突出表现在生产标准化程度低、配套设施落后、资源利用率低、养殖产量及效益不稳定等方面。同时，陆基单一品种养殖所构建的生态系统脆弱，外界环境极易影响其平衡，导致养殖风险加大；海基增殖相关基础调查不够彻底，关键技术参数仍未完全探明，绿色高效投入品开发应用不足。此外，染色体工程、细胞工程、数量遗传工程等现代生物科学和工程技术，以及分子标记辅助育种技术等现代生物遗传技术仍未广泛应用于刺参产业；智能化、机械化、信息化生产模式尚在探索完善中，现代科技水平发展与产业技术创新存在脱节现象。

（四）市场运营有待规范

市场上的刺参制品仍以干品、盐渍品、淡干品和即食品为主，冻干、免发产品的市场认可度不高，产品附加值及品牌化运营程度相对较低，难以满足全年龄段人群对产品多样化的消费需求。同时，产品规范、加工标准以及质量保障、评价和安全监控体系尚未健全，商业化检测无序竞争，终端流通环节的管理部门职能交叉、衔接不畅，影响了产品质量和市场消费信心，制约了产业的持续健康发展。

（五）保障机制尚未成熟

“十二五”以来，山东省制定了各项符合渔业发展规律的创新机制和激励政策，为产业发展提供了良好的政策环境。但与此同时，刺参产业链条和相关保障机制尚待完善，经营中存在缺乏生产联合体、定制式生产较多等问题。一旦发生意外风险，就会缺乏产业链相应环节的支撑。产品质量安全突发事件的预警处置能力仍有待提高，养殖灾害风险保障机制等社会保险体系尚未形成，应对风险时显得捉襟见肘。传统水产养殖保险方式存在保费高、定损难、争议多等问题，加上养殖户投保理念落后，实施难度较大。

四 产业发展路径与提升策略

针对当前发展亟待突破的瓶颈和共性关键技术问题，未来山东省刺参产业应进一步贯彻与实施创新、协调、绿色、开放、共享的发展新理念，推动产业升级与提质增效。

（一）坚持创新驱动，促进产业升级

1. 加快推进种质资源创新

种业是产业的基础。应重点加强刺参原种保育，加大对速生、耐温、耐盐等种质的创制与开发利用。基于异常环境气候，创制优势复合性状新品种，创新生态苗种规模化中间育成技术。保护利用本土刺参种质资源，在传统育种和杂交育种的基础上，融入生物技术和信息技术，研发突破群体育种、全基因组选择育种、分子标记辅助育种等的精确、高效、可控且可预见的数字化制种技术。

2. 升级安全生产技术模式

面对极端天气常态化带来的挑战，刺参增养殖产业应注重提升抗风险能力，加强绿色高效生态养殖新模式和配套技术与装备的开发，逐步实现陆基养殖精准化和海基增殖生态化。

（1）陆基养殖精准化。加强陆基养殖中生态型高效养殖新模式的开发，科学调控养殖容量与养殖环境，重点研发时间与空间多元化的生态高效养殖模式，优化传统养殖模式，集成创新数字化管理、智能化控制以及清洁能源利用等新技术、新工艺，有效提升单位面积产能和生产效率，向产品安全、生态安全、绿色高效的集约型工程化模式转变。

（2）海基增殖生态化。科学规划增殖区域布局，优化增殖模式与关键技术参数，注重增殖设施以及跟踪监测技术和装备的研发，提高刺参增殖的设施化和信息化水平，建立浅海增殖风险预警与效果评价体系，构建技术先进、特色鲜明、布局合理、效益显著的浅海增殖产业。

3. 健全病害绿色防控体系

广泛开展刺参病害绿色防控产品及生态防控、快速检测等技术的研发及其在病害防控中的应用。规范使用投入品，引导刺参病害防控由传统的单一

使用抗生素和化学药物向多层次、全方位的绿色防控手段过渡，加强微生物制剂在生境调控和病害防控中的应用，促进刺参育苗和养殖生产向产品安全和生态安全方向进行产业升级。开发快速灵敏的致病菌检测技术，加快健全刺参重大疫病预警与服务系统，建立完善的刺参产品质量安全追踪溯源体系。

4. 加强精深加工产品开发

加快生物技术在刺参产品加工以及功效因子高效制备中的应用研究速度，加大刺参副产物在食品、医药、保健等领域功能产品开发中的高值化拓展利用，推行绿色环保加工技术，开发多形态刺参加工产品；重视营养物质流失率低和人体消化吸收率高、食用方便、原生态型的加工产品研发，开发以产品定位、市场定位为核心的战略型产品，拓展多层次消费市场，构建丰富合理的产品线以提升利润空间、扩大市场空间。

5. 构建产业大数据信息平台

围绕山东省刺参产业经济预测、供给侧改革、订单运营模式、质量安全监管和品牌化发展等产业大数据进行系统研究，完善信息互通平台的功能，实现产业生产信息、产品质量安全、环境评价等数据资源共享，进行产业风险分析与预警，缩短政府和企业对产业发展变化的应急反应时间。开展市场开拓和商业模式创新，提高产业的综合竞争力和抵御风险能力。

（二）强化政策支撑，完善制度保障

1. 持续强化政策支撑

逐步建立良好的创新机制和激励政策，优化科技成果创新的评价机制，保护创新利益和创新积极性。多层次、多渠道加大财政投入，稳定支持良种选育、生态修复与资源养护等公益性、基础性研发，加大节能减排、资源化利用以及设施化、智能化等工业化技术工艺与装备的研发，持续提高对产业信息等基础科学创新的投入。

2. 规范消费市场环境

进一步稳固刺参产品的市场占有率，调控刺参产品的市场价格，使之趋向合理水平。以严苛标准应对刺参市场乱象，提高市场监管能力和服务水平，加大对假冒伪劣刺参产品的查处力度，营造规范有序的市场环境和安全健康的消费环境，不断增强各层次消费者的主观消费意愿。深度挖掘和弘扬刺参文化，为刺参产品增加审美价值和文化内涵，为刺参品牌建设挖掘新素

材，注入新亮点，助推刺参产品市场的商业化健康运作。

3. 发挥产业联盟作用

加强“胶东刺参”质量保障联盟等产业联盟的作用，为产业联盟参与企业的发展提供更多的服务和指导意见，促进刺参行业协会为刺参企业的发展提供信息交流平台，推动刺参原产地品牌建设。刺参企业有必要积极参与刺参行业协会，共享产业发展与繁荣成果，共同抵御可能面临的风险。通过“企业+科研院所”的合作方式，联合带动其他中小型企业成立刺参产业科技创新战略联盟，维护良好的竞争秩序，整合产业链上各种资源，加快形成产业集群效应。

4. 逐步推进保险制度

在山东省各地区逐步试点并推行以减少极端天气对水产养殖造成的影响为目标的天气指数保险等保险业务，有效应对高温、台风、暴雨、冰冻等极端天气对产业造成的突发损失，采取措施克服数据获取和精算模型设计等方面的困难，完善用户参保、防灾减灾、勘查定损、协调理赔等方面的举措，加强政府、保险公司与投保者三方的协作，共同推进保险制度在保障刺参产业安全发展中发挥更大的作用①。

5. 加强负面舆情管控

逐步建立刺参产品质量追溯体系，完善检测检验、可追溯信息采集与编码等标准。未来应注重筹建专业的刺参产品质量鉴别机构和覆盖全国的信息沟通机制。同时，进一步实现刺参产品质量安全控制、负面舆情应对专业化，通过风险分析与预警机制缩短应急反应时间，防范消费信任危机等可能影响产业公信力的负面舆情扩大化，保证刺参产品生态安全的良好正面形象，维持刺参产业健康持续发展的态势。

① 贾清茹：《山东省水产养殖保险市场需求研究》，硕士学位论文，山东农业大学，2017，第45~48页。

Strategic Thoughts on Promotion and Development of Sea Cucumber Industry in Shandong Province

Li Chenglin, Zhao Bin

(Marine Biology Institute of Shandong Province, Qingdao, Shandong, 266104, P. R. China)

Abstract: With the increasing awareness of health care and the increasing emphasis on ecological environment security, sea cucumber industry has become an important engine to promote consumption upgrading and the development of national health undertakings. Shandong Province is an important place of origin and the first largest aquaculture province in China, and the sea cucumber industry has become a pillar industry. This paper analyzed the necessity of development of the sea cucumber industry in Shandong Province from the aspects of policy orientation, social development and ecological environment protection. Then it described the basic status of the industry, spatial distribution, production mode, scientific and technological support, market consumption and other realistic basis and development advantages, analyzed the obstacles and challenge of the development. Based on upgrading the whole industrial chain, improving the industrial support and guarantee system, promoting the green development of industry, and realizing the improvement of industrial quality and efficiency, the paper puts forward the development path and countermeasures of sea cucumber industry in Shandong Province.

Keywords: Life Cultivation and Health Preservation; Sca Cucumber Industry; Green Development; Quality Traceability System; Mariculture

（责任编辑：孙吉亭）

山东省海参资源开发评价与优化*

卢昆 李帆 孙娟 Pierre Failler **

摘　要　尽管经过多年的发展，山东省的海参产能供给保障有力、海参养殖技术体系相对完整、海参养殖空间不断拓展、海参电商品牌建设初见成效，但当前山东省的海参资源开发工作仍处于规模报酬递减阶段，海参市场价格波动特征明显。未来实践应着眼于山东省海参产业的高质量发展，针对当前全省海参资源开发过程中出现的种质资源衰退、养殖基础研究薄弱、精深加工程度偏低、品牌化和电商经营发展缓慢等问题，重点做好保护种质资源、加强养殖基础研究、推进加工精深化、促进品牌化发展、扶持电商化经营、加大市场行政执法力度等工作。

关键词　海参　海参资源　海参电商　海参品牌　工厂化养殖

作为著名的"海产八珍"之首，海参是属于棘皮动物门海参纲的动物。目前，中国的海参种类（大约 140 种）约占全球海参种类总量（约有 1200 种）的 11.67%，其中可食用的海参约有 40 种。山东省是中国海参的主要

---

* 山东省自然科学基金面上项目（ZR2019MG003）、山东省现代农业产业技术体系刺参产业创新团队项目（项目岗位编码：SDAIT－22－09）、山东省第三次农业普查研究课题（N028）、中国国家留学基金（CSC NO. 201906335016）和中国海洋大学管理学院青年英才支持计划的阶段性研究成果。

** 卢昆（1979～），男，管理学博士，水产学博士后，中国海洋大学管理学院副教授，国家公派英国朴次茅斯大学访问学者，主要研究领域为海洋经济与农业经济。李帆（1994～），女，中国海洋大学 2017 级农业经济管理专业硕士研究生，主要研究领域为水产品消费经济。孙娟（1996～），女，中国海洋大学 2019 级农业经济管理专业硕士研究生，主要研究领域为渔业经济管理。Pierre Failler（1965～），男，英国朴次茅斯大学蓝色治理中心教授，博士研究生导师，主要研究领域为蓝色经济治理。

产区，其海参品种以刺参（全名为仿刺参）为主。该品种隶属楯手目刺参科仿刺参属，具有抗凝血、抗肿瘤、调血脂、抗病毒、抗辐射、镇痛、解痉等药用功效。随着现代科技的发展，海参的营养价值和药用价值逐渐获得市场的普遍认可。药食同源的市场需求也强力推动了中国海参产业的快速发展。山东省的海参资源开发工作也取得良好的社会效益和经济效益。然而不可回避的是，当前山东省的海参资源开发工作仍然在生产、加工和经营等环节存在诸多问题，客观上制约了全省“海上粮仓”建设的步伐和效率。鉴于此，本文在考察山东省海参资源开发特征的基础上，审慎识别山东省海参资源开发所处的发展阶段，并针对当前山东省海参产业链条存在的诸多问题，系统地提出山东省海参资源开发的推进措施，以期促进山东省海参产业在全省“海上粮仓”建设中发挥重要的支撑作用。

一　山东省海参资源开发的特征

（一）海参产能供给保障有力

山东省海参产量最早的统计数据是 1985 年的 20.776 吨（全部为自然野生捕捞）。此后，受参农过度捕捞问题的影响，山东省的野生海参资源开始出现萎缩现象，海参种质退化问题凸显。在强劲的市场需求拉动下，海参养殖活动开始在山东沿海地区出现，并实现了产量的快速增长。从历年《中国渔业统计年鉴》数据来看，中国有统计记录的海参养殖活动始于 1989 年，而且当时只有山东省存在海参养殖活动。1996 年，山东省的海参养殖产量首次超过捕捞产量，此后二者之间的差距逐年拉大。2002 年，山东省海参捕捞产量仅为 46 吨，而海参养殖产量却高达 1844.3 吨。2003 年以来，山东省的海参产量统计数据中只包括养殖产量而无捕捞产量。而且，山东省的海参产量（即海参养殖产量）从 2003 年的 29961 吨增至 2017 年的 99641 吨，年均增长 8.92%。2017 年，山东省的海参产量占全国海参总产量的比重高达 45.31%（见图 1），继续稳居全国海参产量第一名的位置。

（二）养殖技术体系相对完整

2012 年，山东省现代农业产业技术体系刺参产业创新团队正式成立。该技术团队对山东省海参养殖技术转化、中试熟化、示范推广工作起到积极

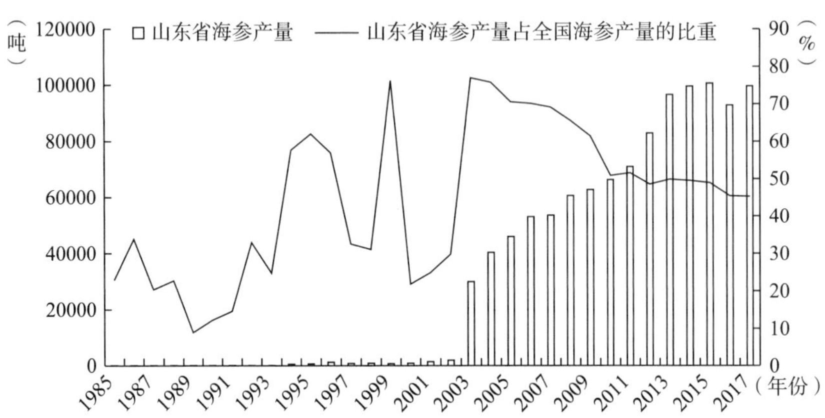

图 1　1985～2017 年山东省海参产量及其占全国海参产量的比重变化趋势

的推动作用，促使山东省海参养殖技术体系日趋完整。目前，山东省海参养殖的方式主要有以下 5 种：底播增殖、池塘养殖、围堰养殖、海上吊笼养殖和深水大棚工厂化养殖。其中，底播增殖方式应用最广，以深水大棚工厂化养殖为代表的集约化养殖方式所占比重逐年增加。从海参苗种培育来看①，山东省海参的育苗和保苗技术体系相对成熟且较为完整。统计数据显示，2003～2017 年山东省海参苗种培育量总体呈波动增长态势——2015 年全省海参苗种培育量占全国海参苗种培育量的比重高达 69.99%（见图 2）。尽管随着辽宁省海参苗种产业的发展，山东省的海参苗种培育量自 2016 年以来有所下降，但依然位居全国首位，其绝对数量已从 2003 年的 38.23 亿头增

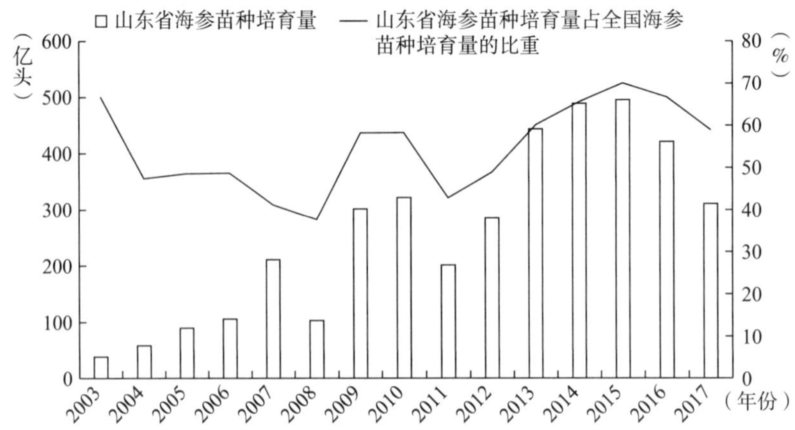

图 2　2003～2017 年山东省海参苗种培育量及其占全国海参苗种培育量的比重变化趋势

① 有关山东省海参苗种数量的统计数据最早始于 2003 年。

至2017年的310.97亿头（2017年占全国海参苗种培育量的比重仍高达58.89%），年均增长率为16.15%。

（三）海参养殖空间不断拓展

从生产区域来看，山东省海参养殖空间不断拓展，但全省海参产业的空间非均衡分布特征较为显著。历史地来看，山东省海参产业2003年以前主要集中在烟台、威海、青岛和日照四个城市，但随着2003年“东参西养”养殖模式的推广，东营、滨州和潍坊三个城市的海参养殖活动实现了从无到有的历史性转变，三个城市的海参养殖规模自2003年起总体呈增长态势。但三个城市海参产出水平有限，威海和烟台的海参养殖产量长期以来主导着全省的海参养殖产出水平。整体而言，经过30多年的发展，山东省海参产业就产量而言已基本形成三个梯队。第一梯队为威海和烟台，主要推广的是围堰养殖和连片池塘养殖。威海海域重点建设的海参原良种场和烟台北部地区的海参苗种产业成为山东省海参养殖的亮点。第二梯队为青岛和东营，海参养殖方式主要有潮间带围堰养殖、池塘养殖、海上吊笼养殖和海水工厂化养殖。第三梯队则为滨州、潍坊和日照。比较而言，日照的深水井大棚工厂化养殖成为2007年以来山东省海参资源开发工作的最大亮点，对山东省西部沿海三市的带动效应较为显著。截至目前，山东省海参养殖业已实现省内沿海地市全覆盖，“东参西养、北苗南养”的海参养殖格局基本形成。与此同时，在旺盛的市场需求拉动下，在显著的经济效益诱导下，山东省的海参养殖面积迅速扩张，海参养殖空间不断拓展。统计数据表明，山东省的海参养殖面积已从2003年的16751公顷增至2017年的84910公顷，年均增长率高达12.29%；2013年以来，山东省海参养殖面积尽管出现小幅波动，但基本维持在80000公顷的规模；2003~2017年，山东省海参养殖面积占全国海参养殖面积的比重也基本保持在30%~40%（见图3）。

（四）电商品牌建设初见成效

从海参电商品牌国内实践情况来看，山东省海参的电商品牌化进程相对较早。山东省最早的海参电商品牌是创建于2009年的威海金鹏海参。此后，在海参市场经济效益的拉动下，烟台、青岛、济南、聊城和临沂五市的海参

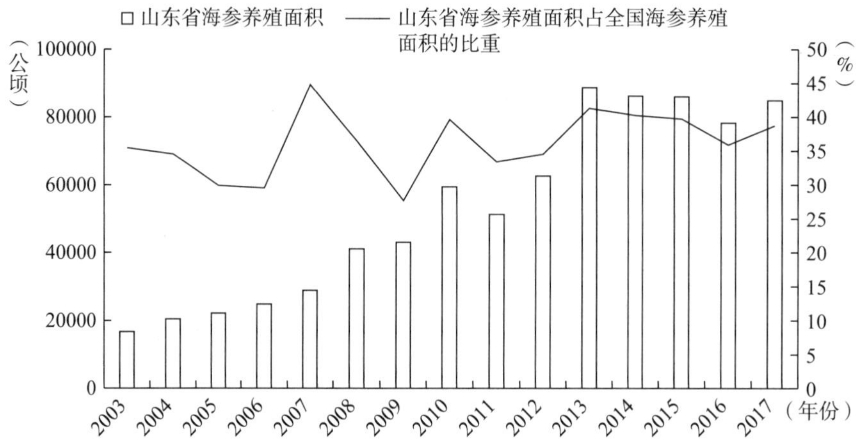

图 3 2003～2017 年山东省海参养殖面积及其占全国海参养殖面积的比重变化趋势

电商品牌依次在全省境内蔓延开来①。据不完全统计，在现有的国内知名电商平台上，山东省的海参电商品牌占有率基本保持在 20% 以上；相比于淘宝、京东和一号店，唯品会和苏宁易购电商平台上的海参电商品牌数量较少（均为 19 家），但苏宁易购平台上的山东省海参电商品牌数量占比最高（为 31.58%）。具体而言，在淘宝现有的 249 个海参电商品牌中，山东省的海参电商品牌共有 59 个（占比约为 23.69%）；在京东现有的 252 个海参电商品牌中，山东省的海参电商品牌共有 54 个（占比约为 21.43%）；在一号店现有的 251 个海参电商品牌中，山东省的海参电商品牌共有 53 个（占比约为 21.12%）。综合来看，在国内现有的电商平台上，山东省海参生产经营主体目前投放的海参品牌共有 97 个。2013～2015 年是山东省海参电商品牌实现快速发展的 3 年（在此期间，山东省在淘宝新增海参品牌店铺 43 家）。山东省海参电商品牌建设工作已初见成效，“好当家”“东方海洋”海参品牌入选“2018 年度中国海参十大品牌”即明显例证。

（五）海参市场价格波动明显

据不完全统计，2010～2011 年，山东省海参的塘口收购价格（生产价格）维持在 90～120 元/斤，而 2015 年山东省成品海参的塘口收购价格基本保持在 41～52 元/斤；2012～2014 年，山东省海参的批发价格基本保持在 50～65 元/斤，而 2015 年山东省海参的批发价格基本保持在 51.5～74 元/斤。整

① 截至 2019 年 5 月底，课题组通过网络搜索引擎发现只有威海、烟台、青岛、济南和聊城五个城市存在海参电商品牌经营个体，并未发现山东省内其他地市存在海参电商品牌经营个体。

体来看，“十二五”期间，山东省海参的塘口价格高开低走，波动较大，而批发价格波动相对平缓。2016 年，山东省海参市场价格全年波动较大，成品海参塘口收购价格基本保持在 33～60 元/斤，而批发价格基本保持在 40～66.5 元/斤，批发环节的利润率普遍在 10% 以上，平均利润率达到 18.25%。2017 年，山东省海参塘口收购价格基本保持在 40～67 元/斤，而批发价格基本保持在 53～71 元/斤，批发环节的利润率普遍在 20% 以上，平均利润率达到 27.25%。相比于往年，2018 年，山东省海参市场价格起伏较大，海参塘口收购价格基本保持在 51～130 元/斤，而批发价格基本维持在 55～115 元/斤，除了个别月份批发环节的利润率出现负值外，大多数月份批发环节的利润率为正数（见图 4）。整体而言，相比于前两年，2018 年，山东省海参批发利润率呈明显下降态势，全年海参产业经营受夏季高温的影响出现长时间亏损现象，全省海参资源开发工作面临严峻的挑战。

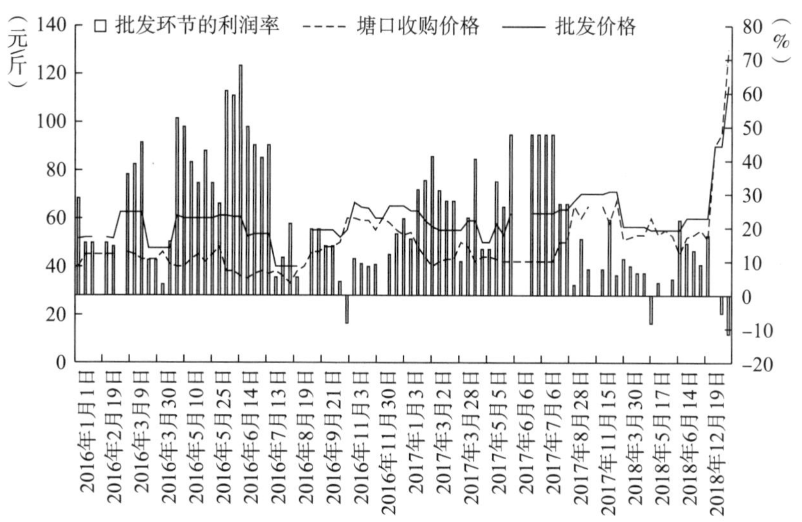

图 4　2016～2018 年山东省海参塘口收购价格、批发价格和批发环节的利润率变化趋势

注：本文分析所用海参塘口收购价格和批发价格均来自中国水产养殖网和中国水产信息网。课题组能够查到的海参价格最新数据是截至 2018 年 12 月 19 日的数据，而且价格数据并不连续。鉴于此，本文只参考 2016 年 1 月 1 日至 2018 年 12 月 19 日的海参价格数据，来考察海参市场价格的波动规律和经营利润情况。

二　山东省海参资源开发所处生产阶段判别

为了考察山东省海参资源开发工作的实际效果，本文借鉴经典的柯布－道格拉斯生产函数研究范式来构建山东省海参生产函数，通过实证分析判别目前山东省海参资源开发所处的生产阶段。鉴于当前山东省的海参生产以养殖为主，而且现有统计记录并无海参捕捞数据，因此本文结合历年《山东渔业统计年鉴》提供的数据信息，选择海参养殖面积、海参苗种数量来构建山东省海参生产函数。具体函数形式如下：

$$Y = A(t)\ L^{\alpha}\ K^{\beta}\mu \tag{1}$$

其中，$A(t)$ 代表海参生产综合技术水平，L 代表海参养殖面积（单位为公顷），K 代表海参苗种数量（单位为亿头），μ 代表随机误差项，α 和 β 分别为海参养殖面积和海参苗种数量的产出弹性。鉴于山东省海参生产统计数据获取情况，本文选取 2009 ~ 2016 年山东省威海、烟台、青岛、日照、东营、潍坊和滨州七市海参的产量、养殖面积和苗种数量进行实证分析。为使考察变量便于经济学解释，同时减少异方差问题，本文对公式（1）两边取自然对数后进行回归分析。在对原始数据进行“去零”处理的同时，为了避免“伪回归”现象以及保证数据回归结果的稳健性，需要对数据的平稳性和是否具有协整关系进行检验。本文采用 Stata 15 软件对原始数据进行处理的结果表明数据皆为一阶平稳的（见表 1）。对平稳数据进行 KAO 面板协整检验的结果显示 p 值均小于 0.05，据此可以认为在 5% 的显著性水平下存在协整关系。

表 1　平稳性检验

变量名称	海参产量	海参养殖面积	海参苗种数量
p 值	0.0376	0.0000	0.000

面板数据可能存在异方差、截面相关、自相关等问题，从而导致估计量不一致。本文进行相关性检验后发现，数据虽然存在异方差问题，但不存在截面相关和自相关的问题。一般而言，面板数据回归分析有两种形式：固定效应和随机效应。在实际操作中，选择何种回归方式主要取决于 Hausman 检验。检验结果 p 值若为 0.0000，则意味着选择固定效应进行回归分析优于选择随机效应进行回归分析。考虑到数据存在异方差问题，本文采用稳健回归的方法以保证回归质量，最后得到如下回归方程：

$$\ln Y = 0.6608\ln L + 0.0857\ln K + 2.2718 \tag{2}$$

$$(7.53^{***})\qquad (1.45^{**})\qquad (2.66)$$

方程（2）的 R^2 取值为 0.7675，说明方程整体拟合程度较好。α 和 β 拟合的结果分别为 0.6608 和 0.0857。意味着在其他条件不变的情况下，在

1% 的显著性水平下，山东省海参养殖面积每增加 1%，将会使海参产量增加 0.6608%；在 5% 的显著性水平下，山东省海参苗种数量每增加 1%，将会使海参产量增加 0.0857%。同时，α 和 β 拟合数值之和为 0.7465，意味着山东省海参资源开发工作处于规模报酬递减阶段，单纯地通过扩大海参养殖面积和增加苗种生产数量并不能实现山东省海参产业的持续健康发展，山东省海参资源开发工作的高质量开展需要寻觅新的动能。

三　山东省海参资源开发存在的主要问题

（一）海参种质资源衰退明显

一方面，山东省野生海参种质资源受历史上过度的海参捕捞行为的影响，衰退现象严重，海参种质退化问题突出。野生海参种质资源的匮乏，客观上导致山东省海参苗种培育工作存在较大的技术风险。现有海参苗种耐高温性能低，在夏季高温时期常出现“热死”现象；而且，海参苗种质量下降，也使每年 3～7 月、10 月成为山东省海参腐皮病的高发期。该病以细菌感染为主，常伴有霉菌和寄生虫的继发感染，传染性较强，死亡率高达 90% 以上，通常会给海参养殖户带来严重的经济损失。另一方面，现有粗放的海参养殖方式也使山东省的海参养殖生态环境遭到一定程度的破坏，也在客观上加剧了山东省海参种质资源的退化。山东省内陆域污染物的排放，适养海参的近海海域绿潮、赤潮时常暴发，以及海水富营养化问题突出，也给山东省海参养殖病害防治埋下了隐患。

（二）海参养殖基础研究薄弱

相比于海参生产环节较为完整的养殖工艺，有关海参养殖苗种、养殖病害的基础研究较为薄弱，致使山东省海参资源开发工作面临较大程度的技术风险。单就海参苗种而言，当前山东省海参苗种繁育技术攻关研究薄弱，海参生产企业普遍存在苗种选育意识淡薄问题，海参苗种繁育所用亲本多经累代养殖，退化现象较为严重，海参苗种生产缓慢、抗病能力差①。从海参养

① 李成林、宋爱环、胡炜：《山东省刺参养殖产业现状分析与可持续发展对策》，《渔业科学进展》2010 年第 4 期。相昌慧、董华伟、侯仕营：《威海市海参产业发展现状及建议》，《现代农业科技》2017 年第 11 期。

殖技术来看，山东省内尚未形成统一的海参养殖技术标准。山东省现有海参养殖模式集约化程度较低，广大海参养殖企业在投苗规格、投苗密度、投苗时间、投苗方式、附着基类型选择、池水理化指标及调控方法（最低含盐浓度、池塘水深、池水更换时间等），以及饲料投喂种类、时间、次数等诸多方面均存在较大差异。在实践中，部分海参养殖户在经济利益的驱动下，未经政府统一规划，自行开挖池塘养殖海参，池塘建设标准化程度低且池塘老化严重，致使池塘布局不合理、海参养殖密度过于集中、排水通道不顺畅等问题出现①，并造成了较大的经济损失。从海参病害防控来看，山东省海参养殖过程中的病害问题依然突出，海参摇头、肿嘴、化皮、排脏、溃烂等腐皮综合征及弧菌病等病害最为严重，亟须尽快实现重大技术突破，最大限度地降低海参养殖过程中的病害风险。

（三）海参精深加工程度偏低

目前，山东省的海参产品主要以鲜活海参、干海参、盐渍海参等产品形式进行市场销售。随着近年冻干技术的兴起，市场上也出现了能够确保海参口感和质量的各类冻干海参，实现了海参产品的多样化供给，同时打破了海参消费的区域限制，在一定程度上拓宽了海参消费渠道。值得注意的是，整体而言，山东省的海参加工业仍处于传统加工阶段，以海参医药开发、抗体美容产品为代表的海参精深化加工水平有待提升。大量的医学研究表明，海参及其提取物的组分或单一的药理活性成分，几乎可应用于当前对人类健康构成威胁的主要病症，诸如肿瘤、心血管疾病、免疫性疾病和老年病等。最大限度地利用海参富含的酸性黏多糖、岩藻多糖、硫酸软骨素、海参皂苷、海参毒素、核酸、氨基酸等活性物质，以及诸多微量元素和维生素，加大延缓衰老、增强免疫、强身健体等药物和功能性海参食品的研发，无疑是“海上粮仓”建设框架下山东省海参资源开发工作成功的关键所在。

（四）海参品牌化及电商经营发展缓慢

在日常生活中，海参的销售渠道通常是超市专柜、水产品批发市场、专卖店铺等。受消费购买能力的影响，海参的实际需求更多集中于中高端收入

① 王晓东：《东营市海参产业发展存在的问题及对策》，《河北渔业》2014 年第 3 期。

群体、公务消费和节假日礼品消费市场。在中央“八项规定”出台后，海参的公务消费需求显著下降，中高端收入群体和节假日礼品消费市场成为海参销售的主要对象，海参生产局部出现超量供给现象，普通大众消费市场开始被海参经营主体关注。这也导致了海参价格战的兴起，每斤干海参的降价幅度普遍在 1000 元至 2000 元不等，最大的降价幅度高达 3000 元。在此过程中，海参品牌化较好的企业保持了较高的市场稳定性，而没有品牌或者品牌美誉度较低的海参经营主体遭受不小的经济利益损失。总体来看，山东省海参产业的品牌化工作相对缓慢。尽管当前山东省拥有好当家、东方海洋、老尹家、宫品海参等众多区域知名品牌，但这些品牌在发展过程中也暴露出品牌产权保护意识薄弱的问题。很多伪劣海参冒用现有知名海参品牌进行销售的行为时常发生。在实践中，南方的养殖海参经由山东、辽宁等地的海参厂商加工并销售到终端消费市场，其间并未进行严格分级，往往冠以某一知名品牌进行销售，致使海参终端消费市场同一品牌产品质量参差不齐，导致既有的知名海参品牌声誉受损。除此之外，山东省海参产业的电商平台经营发展缓慢。尽管山东省海参的电商品牌化进程相对较早，但历经 10 多年的发展，山东省目前进驻国内各大知名电商平台开展电子商务的海参电商品牌仅有一百个左右。这显然与山东省国内海参生产第一主产区的地位严重不符。展望未来，在国内海参大众消费市场日益拓展的背景下，积极借助互联网电商平台和先进便捷的电子支付系统开展海参电商业务，无疑是提升山东省海参资源开发效率的关键抓手，也是推动山东省海参产业高质量发展的新动能所在。

四 山东省海参资源开发工作的优化选择

（一）加大海参种质资源保护，加强海参养殖基础研究

在进一步加强山东省海参原良种场建设工作的基础上，重点依托威海海域的海参原良种场建设，积极筹建山东省海参种质保护库。通过加大海参产业财政扶持资金投入力度，切实加强山东省野生海参种质资源保护工作。实践中，不仅要通过加强域外引种、域内外海参优势种杂交等途径来解决山东省海参种质资源的退化问题，还要积极开展海参新品种繁育技术攻关研究，重点培育具有耐低盐、耐高温、生长速度快、抗病能力强等性状特征的海参

良种，以此加快山东省海参苗种的改良换代，为山东省海参产业的高质量发展提供保障。与此同时，加大财政投入用以支持海参养殖基础研究，围绕海参良种繁育、生态养殖、病害防控等，组织海参企业、高校院所和水产科研机构开展联合技术攻关工作，重点开展海参苗种繁育技术研发、海参消化机理和饵料利用研究、海参健康养殖模式设计和工艺标准制定、海参养殖病害防控技术研究工作，着力筹建国际一流的海参科技成果转化应用示范基地，以此强化山东省海参资源开发工作的科技支撑力量。

（二）推进海参加工精深化，促进海参品牌化发展

立足海参加工传统技术，集中社会各方力量加快海参加工新技术、新工艺、新产品的研发和使用，积极推广真空冷冻干燥技术以及热泵干燥、热风干燥和微波干燥技术，推动即食海参加工技术研发工作，重点研发以海参多肽、海参酸性黏多糖等为代表的各种海参保健品、医疗药品和康体美容产品等功能性产品，全面推进山东省海参加工业的精深化发展，以此提升山东省海参资源开发的经济附加值。在此基础上，还要做好山东省海参资源开发的品牌建设工作。在实践中，以海参质量为抓手，以电视、广播、报纸、杂志等媒介宣传为手段，做大做强山东省现有的海参品牌。同时，鼓励并扶持山东省内发展潜力大、市场竞争优势明显的海参企业诚信经营，主动开展“建品牌、创名牌”活动，自觉维护建立起来的海参品牌形象，打造各具特色的海参品牌文化，切实促进山东省海参产业的品牌化发展，充分利用海参品牌的溢价效应，有效提升山东省海参资源开发工作的经济效益。

（三）扶持海参电商化经营，强化市场行政执法力度

针对当前山东省海参市场的销售困境，要大力开展海参电子商务，鼓励海参生产经营企业创新商业模式，重点扶持海参龙头企业开展电商业务。一方面，要引导和支持海参生产经营企业加强与淘宝、京东、中国水产商务网、水产购等诸多电商平台之间的商务合作①。另一方面，要加强海参专业合作社或行业协会建设，积极构建“海参厂商 + 合作社（或协会） + 参农 +

① 王文豪、李秀梅、王晓飞：《烟台海参产业发展与品牌建设探讨》，《中国水产》2019 年第 3 期。

电商平台”的“四位一体”的海参电商经营服务模式，最大限度地促进山东省海参资源开发过程中产销环节的便捷衔接。需要说明的是，在扶持海参厂商开展电子商务的同时，政府水产主管部门还应强化海参生产经营的属地监管和生产者质量安全主体责任意识，进一步提高海参市场行政执法力度，严格规范海参市场的经营秩序，坚决杜绝假冒伪劣海参产品的经营活动，以此为山东省海参资源开发工作保驾护航。

The Evaluation and Optimization of Sea Cucumber Resource Exploitation in Shandong

Lu Kun[1,2], *Li Fan*[1], *Sun Juan*[1], *Pierre Failler*[2]

(1. Management College, Ocean University of China, Qingdao, Shandong, 266100, P. R. China; 2. Center for Blue Governance, Faculty of Business and Law, University of Portsmouth, Portsmouth PO1 3DE, United Kingdom)

Abstract: After years of development, the supply capacity of sea cucumber in Shandong province is powerfully guaranteed, the technical system of sea cucumber cultivation is almost complete, the space of sea cucumber cultivation continues to expand, and the construction of e-commerce brand has achieved initial results. However, the exploitation of sea cucumber resource in Shandong province is still in the stage of diminishing returns to scale, and the fluctuation of sea cucumber price is obviously unstable. Meanwhile, there are some realistic problems in the development of sea cucumber resource exploitation, such as the decline of sea cucumber germplasm resource, the weakness of basic research on sea cucumber breeding, the low level of sea cucumber deep-processing, the slow development of sea cucumber brands and e-commerce. Focusing on the high-quality development of sea cucumber industry in Shandong province in the future, it is necessary to specially protect sea cucumber germplasm resource, strengthen the basic research on sea cucumber breeding, deepen the processing of sea cucumber, promote the development of sea cucumber brands, support the e-commerce operation of sea cucumber and consolidate the ability of market regulation and administrative enforcement in practice.

Keywords: Sea Cucumber; Sea Cucumber Resource Exploitation; Sea Cucumber E-commerce; Sea Cucumber Brand; Industrial Aquaculture

（责任编辑：孙吉亭）

中国船舶产业产能供需影响因素研究*

谭晓岚**

摘　要　改革开放以来，中国船舶产业发展迅速，产能相对过剩。总量过剩和结构性过剩是中国船舶产业产能相对过剩的两大特点。市场经济的周期性、船舶企业的窖藏要素和行为策略、产业技术壁垒、地方政府对产业发展的不当干预等因素都是中国船舶产业过剩的主要成因。抓住国家“一带一路”倡议机遇，整合国内不同性质的船舶企业，深化混合所有制改革，实现企业间从目前平层混乱竞争关系向产业雁阵有序共赢关系转变，建立产业内部配套供需平衡和总体产能与市场需求平衡的发展结构体系，是中国船舶与海工装备制造业去产能的科学选择。

关键词　行为策略　窖藏要素　中国船舶　生产能力　市场需求

一　引言

改革开放以来，中国船舶产业发展迅速，成就举世瞩目。中国已经是全球第一造船大国，目前拥有规模以上的造船企业近1400家，产业工人700多万人。与此相适应，学术界关于船舶产业的研究也日趋深入，高质量的成

---

* 本文是2017年国家社会科学基金项目“‘一带一路’背景下中国船舶产业供给侧结构改革研究”（项目批号：17BJY020）、山东省现代农业产业技术体系刺参产业创新团队项目（项目岗位编码：SDAIT-22-09）、2019年山东社会科学院创新工程重大支撑课题的阶段性研究成果。

** 谭晓岚（1977～），男，山东社会科学院山东省海洋经济文化研究院副研究员，山东社会科学院青年学术委员会委员，主要研究领域：海洋经济、海洋战略与全球化、海洋哲学思想文化。

果不断涌现。但是，中国造船业严重的产能相对过剩所带来的船企倒闭潮、工人下岗潮，造船企业给国有商业银行造成的几千亿元不良贷款等问题，给国家经济健康发展、社会稳定埋下了巨大隐患，引起了党和国家及社会各界的高度重视。2016年12月，中央经济工作会议明确提出，2017年去产能工作拓展到船舶产业。为了认真贯彻落实中央经济工作会议精神，学术界也应积极认真研究中国船舶产业去产能、推进供给侧结构改革问题。

关于船舶产业发展问题的研究，国外学者近些年主要集中在以下三个领域。一是船舶产业核心技术发展演变对产业未来发展重点的影响及发展趋势。有学者提出船舶动力设备技术的革新引起的船舶能源效率的差距日益明显，船舶动力设备技术革新将对全球船舶市场产生深刻影响①。二是全球经济危机后，全球航运业的波动对全球船市的总体影响。有学者认为全球经济危机破坏了原有航运市场和船舶市场的资本循环结构，全球船舶市场将处于一个较长的冰冻期②。三是全球经济危机后，船舶企业如何应对当前全球性船市大萧条的问题。韩国学者提出船舶产业要实现从"量"向"质"转变、从"规模"向"效益"转变的发展思路③。日本学者指出日本要有效应对全球经济危机对全球船市的不利影响以及中韩造船业的迅速崛起，日本船舶装备业未来要推进产业组织结构调整，提高行业组织竞争力，鼓励船企利用造船业务现有优势进行技术创新，拉开与中韩在技术和工艺上的差距，积极开拓海外市场等。

通过对国内主要文献数据库进行收集整理分析，发现国内学者关于船舶产业的研究基本遵循问题导向原则，主要进行应用对策型研究，其研究内容集中在以下四个领域。一是资金问题研究。资金困境论者认为中国船舶产业目前面临的主要问题是资本困境问题。有学者认为航运市场和全球船市走低是造船企业融资难的根源，造船企业必须采取多元化融资模式，提高企业自身融资能力和经营能力④。二是结构改革问题研究。结构困境论者认为中国

---

① Kevin X. Li, *Themes and Tools of Maritime Transport Research during 2000 - 2014* (Maritime Policy & Management, 2016).

② Tristan Smith, Investigating the Energy Efficiency Gap in Shipping (Ph. D. Diss., Nishatabbas Rehmatulla University College London, 2016).

③ 〔韩〕金成益、全洙奉：《走出困境的增长》，《全经联》2003年第3期。

④ 杨勇：《船舶配套企业实施大规模定制生产模式研究》，硕士学位论文，南京理工大学，2007。

船舶产业目前的主要问题是结构性问题。产业结构困境论者认为产业结构是影响中国船舶竞争力的六大要素之一[①]。产品结构困境论者认为全球船市的困境是产品结构性困境，提出中国船舶企业走出困境应加强产品结构调整[②]。三是技术问题研究。技术困境论者认为，技术相对落后是中国船舶产业发展所有困境的根源，认为现阶段船舶产业制造端宜在巩固夯实已有的数字化和自动化基础上，在互联互通和信息融合层面进行重点突破[③]。四是产能过剩问题研究。近年来，船舶产能过剩问题研究是一个热点。不少研究成果纷纷呈现：①认为中国船舶产业产能过剩是产业结构性相对过剩问题，解决中国船舶产业产能过剩必须解决科技含量低、配套率低、生产效率低等深层次问题[④]；②认为中国船舶产业产能过剩的困境主要在于缺乏产业发展战略，提出中国船舶产业发展应遵循市场和技术导向发展思路[⑤]；③认为中国船舶产业产能过剩，主要是因为存在发展理念困境，提出中国船舶产业应该走产业联动发展模式[⑥]；④认为中国船舶产业产能过剩主要是由于政府缺乏监管，提出中国应建立船舶产业产能过剩监测和预警常态化机制[⑦]。

关于中国船舶产业去产能研究，目前学界有以下三种观点：①中国船舶产业实施“走出去”战略是解决中国船舶产业产能过剩问题的有效途径[⑧]；②中国船舶产业去产能的重点是推进供给侧结构改革，增强船舶产业供给结构对需求变化的灵活性[⑨]；③中国船舶产业去产能需精准扶持，避免金融政策一刀切[⑩]。

---

① 张简：《浅谈中国造船企业的核心竞争力》，《中国集体经济》2017 年第 1 期。

② 李源、秦琦、祁斌：《2015 年世界船舶市场评述与 2016 年展望》，《船舶》2016 年第 1 期。

③ 吴笑风、岳宏、石瑶：《我国船舶产业智能制造及其标准化现状与趋势》，《舰船科学技术》2016 年第 9 期。

④ 陈国雄、杨玲：《造船业的三大痛点》，《珠江水运》2015 年第 24 期。

⑤ 杨金龙：《造船企业转型发展中的战略选择》，《中外船舶科技》2016 年第 3 期。

⑥ 何青松、伊秀娟、贾慧捷：《中国船舶关联产业的协同发展分析——基于中韩多时点投入产出数据的比较》，《东岳论丛》2015 年第 11 期。

⑦ 郭大成：《供给侧结构性改革　船舶工业须主动作为》，《中国船舶报》2016 年 3 月 11 日，第 1 版。

⑧ 周维富、李晓华：《船舶和海洋工程产业“走出去”开展国际产能合作初探》，《中国远洋航务》2016 年第 11 期。

⑨ 致远：《船舶工业供给侧改革路线图》，《中国远洋航务》2016 年第 5 期。

⑩ 胥苗苗：《民营船企突围之路》，《中国船检》2015 年第 3 期。

二 中国船舶与海工装备制造业产能现状

目前，全球造船市场正经历史上最大规模的结构调整期。据 Clarkson 统计，2009 ~ 2018 年，全球船舶市场活跃船厂的数量下降了 62%。作为世界三大造船大国之一，过去 10 年中国船舶产业经历了产能过剩和市场需求低迷带来的阵痛，表现为总量过剩和结构性过剩两大特点，三大指标、行业亏损破产和并购、结构性过剩等均说明问题的严峻性。不过经过近几年国家对造船业的重组整合，全行业的产能过剩程度较 2012 年明显减缓，低端产能升级成为未来去产能的重要方向。

（一）三大造船指标情况

据中国船舶工业行业协会和 Clarkson 统计，中国造船手持订单量在 2008 年达到历史高峰（2.0 亿载重吨），之后逐年下滑，到 2018 年手持订单量较 2007 年下降了 50% 多。中国造船任务（手持订单量/完工量）也从 2007 年至 2015 年逐渐下滑，到 2012 年底“手持订单量/完工量”仅能持续 1.39 年，到 2017 年这一比率又回到 2.0 年。可知中国造船产能虽然出现了明显的下降，但是由于去产能的不彻底和反复，全行业的生产任务难以获得持续的稳定。中国船舶产业生产任务的可持续性较差，造船行业通常用“年新船订单量—年完工量”来估算评价其生产任务的持续性。根据这个评价体系，在 2009 年、2011 年和 2012 年中国新船订单量—完工量都是负值。这标志着中国造船新增订单无法满足现有产能的需求，仍然存在产能过剩。2013 年和 2014 年在新船订单增长量和完工量持续下降的情况下，“年新船订单量—年完工量”这一指标出现了好转，但随着订单的再度下降，新船订单量与完工量之间不对等的形势显得较为严峻。从这一点可知，目前国内造船业的产能过剩仍需要强化无效和低效产能的降低。

（二）行业破产和并购情况

据中国船舶工业行业协会统计，2010 年，列入统计范围的船舶工业规模以上企业 2179 个，船舶工业从业人员近 77.5 万人，船舶企业工业总产值 6731.4 亿元，利润总额 550.1 亿元。2015 年，利润总额为 182.2 亿元，相比 2010 年下降 66.9%。2016 年，全国规模以上船舶工业企业 1520 家，相比 2010 年下降了 30.2%。

2009~2017 年，中国约有 150 多家造船厂关停倒闭（平均每个月约 1 家），其中不乏拥有 10 万吨船坞的大型企业。兼并破产主要集中在 2011 年和 2012 年，这两年关停的船厂数约 100 家，其中被兼并收购的船厂约有 40 家。与 2011 年、2012 年相比，2015 年以来破产船厂显著减少，但破产企业多数具备较大的影响力，比如熔盛重工、南通明德重工、舜天造船扬州有限公司、浙江正和造船、浙江造船、青岛造船厂、南通太平洋海工、浙江欧华造船等公司相继破产重整。

（三）低端产能过剩严重

中国船舶工业的产能过剩主要表现为产能结构性过剩，造船规模产能的快速提升并没有使产业竞争力实现同步提高。具体表现在：一是低端船舶和配套比较集中，高端船舶和核心配套供给较为缺乏；二是社会资本在低端的散货船等船型的建造上投入大，在中高端产品领域如大型集装箱船、大型海工装备、液化气船和豪华旅游船上的投入非常欠缺；三是订单质量差，比如中国船厂的海工装备手持订单数量是韩国的 3 倍，但订单价值不到韩国的一半（见图 1）。

从中低端船型散货船的完工量来看，1995~2018 年特别是金融危机以来，中国散货船完工量占中国船舶完工量的比例保持在 40% 以上，特别是 2010~2016 年这一比例高达 60% 以上（见图 2）。

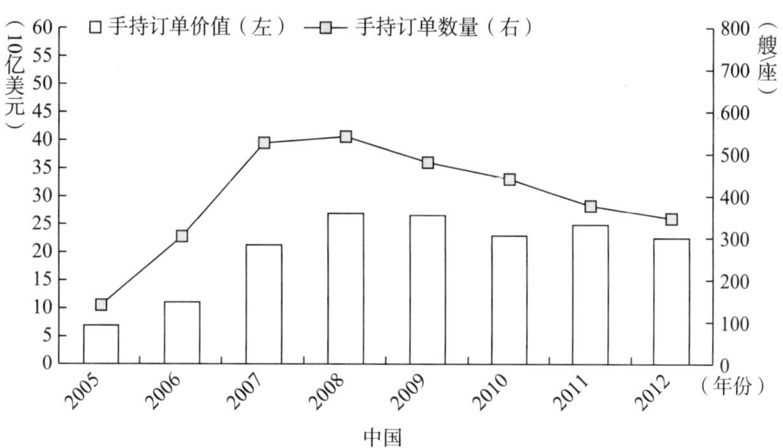

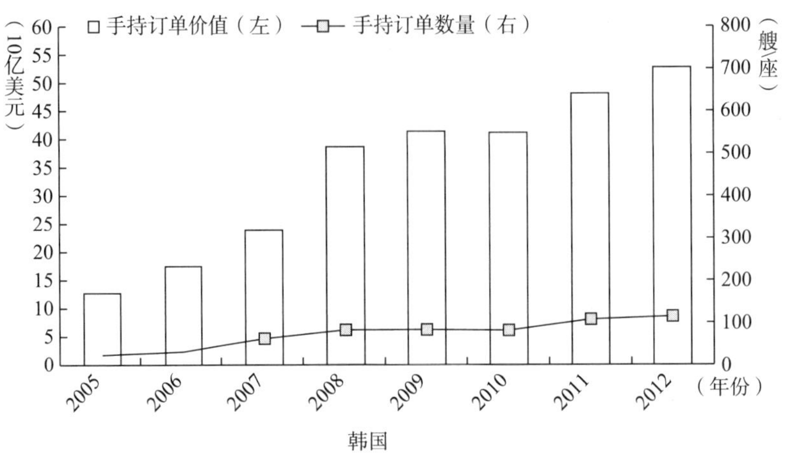

图 1　2005～2012 年中韩海工装备的手持订单价值和数量对比

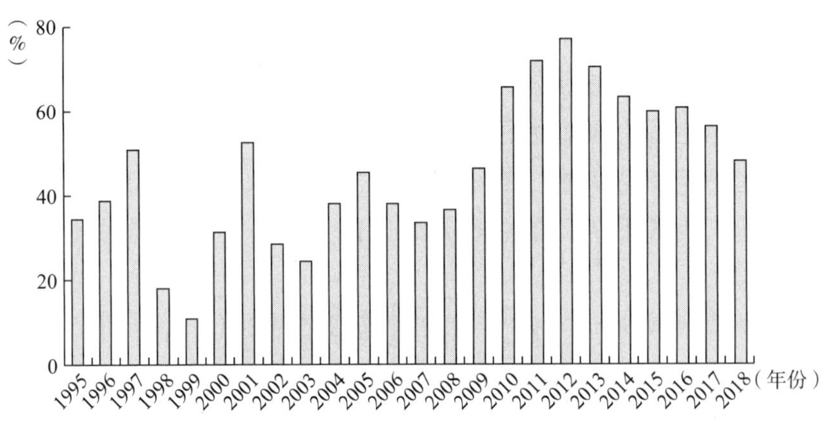

图 2　1995～2018 年中国散货船完工量比例

（四）深度去产能工作仍然在路上

2013 年之前，中国船舶产业的产能过剩情况十分严峻。2012 年，全国造船厂只有 1/3 的骨干企业还能正常生产经营，全国现有造船产能利用率仅为 75%，产能过剩 25%。在国务院 2013 年制定的《关于化解产能严重过剩矛盾的指导意见》的指导下，经过 2012～2015 年采取关、停、并、转等方式，中国造船产能从 8000 万载重吨削减至 6500 万载重吨。据统计，2010 年底，中国万吨及以上造船船台和船坞共有 736 座，2016 年减少至 518 座。中国主要造船省市的完工量从 2010 年的 6476 万载重吨下降到 2016 年的 4141 万载重吨，除广东、山东和安徽之外的各个省市的完工量均下降 30% 以上。2016 年，浙江、广东、山东、湖北、安徽的完工船舶平均吨位保持在 2.1

万载重吨/艘及以下，船舶规模化效应较低。2016 年，上海、浙江、辽宁船舶产业的营业利润出现亏损（见表 1）。

表 1　2010 年和 2016 年中国主要造船省市的完工量比较

省市	2010 年			2016 年			
	万吨及以上造船船台和船坞（座）	完工量（万载重吨）	营业利润（亿元）	万吨及以上造船船台和船坞（座）	完工量（万载重吨）	平均吨位（万载重吨/艘）	营业利润（亿元）
江苏	87	2332	268	76	1535	5.1	75
上海	23	1210	36	23	630	11.7	-33
浙江	444	1067	44	318	464	1.9	-4.4
辽宁	16	855	65	11	486	7.5	-4.1
广东	27	427	40	20	469	1.5	3.8
山东	19	303	29	19	358	2.1	14.5
湖北	34	141	21	25	77	0.9	—
安徽	24	141	4.7	5	122	0.3	—

资料来源：《中国船舶工业年鉴》，2011、2017。

总体来看，中国之前的深度去产能特别是无效产能削减工作已初步完成，同时低端产能和低效产能仍有待升级，行业经营仍然较为困难。“接单难”“交船难”“融资难”“赢利难”依然与船厂如影随形。据中国船舶工业行业协会统计，2018 年中国造船产能利用监测指数为 607 点，仍处于偏冷区间。

三　船舶产业的产能过剩成因分析

作为全球三大造船国家之一，中国船舶产业产能的过剩必然受到世界航运市场周期调整的影响，因此产能过剩具有明显的周期性。同时，从全球造船国家的兴衰和转移历程看，每一个造船大国的兴起必然伴随着产能的急剧扩大，而且这种产能的急剧扩大之后，一般都会遭遇产能过剩危机。

（一）在市场经济环境下，船舶产能和航运市场周期性变化是正常的

市场经济的发展规律存在萧条、复苏、繁荣和衰退四个阶段。市场经济的周期性变化必然影响全球航运市场和石油市场的周期性变化。造船业的投机性、周期性、派生性等特点决定了其市场的周期性。中国作为全球造船大国，既然进入了全球市场就必然受其周期性变化的影响。2007 年，美国次

贷危机引起了全球金融危机。金融危机波及全球的航运市场，最后影响到全球的船舶供需市场。一方面，中国造船业在金融危机前存在盲目扩张现象；另一方面，金融危机后全球造船需求量剧烈下降。这一增一减造成了全球造船产能明显过剩，再加上中国船舶企业竞争力差，在全球船舶市场海啸打击下，倒闭破产成为必然。据统计，2010～2012 年，中国规模以上船舶工业企业减少了 494 家（见图 3）。

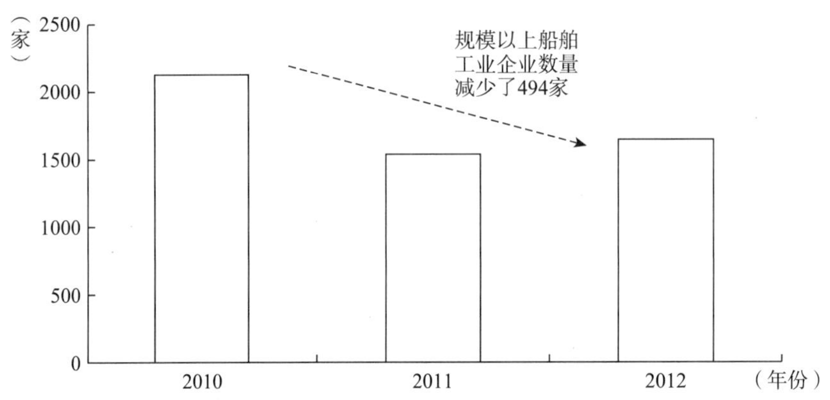

图 3　2010～2012 年中国规模以上船舶工业企业数量变化

资料来源：www. clarksons. com，2012。

为了进一步说明产能过剩的必然性和长期性，本研究采用了造船完工量这个指标，并对其波动性进行了研究。由于船舶市场存在高端产能和低端产能的差异，而且受市场信息不对称的影响，造船产能的供给时间周期往往滞后于需求的变化，而且产能的供给弹性往往明显小于需求弹性，因此造船产能的过剩具有周期性和必然性。例如 2001～2010 年，全球造船最大完工量为 2010 年的 5508 艘，最小完工量为 2002 年的 2751 艘，两者相比产能波动率达到 100%（百分比价格变动法）；同一时期，以吨位量计算，2001 年造船完工量最小约为 5074 万吨，2010 年造船完工量达到约 18727 万吨，两者相比产能波动率达到 269%（百分比价格变动法）。

为进一步分析和说明造船市场受制于周期影响继而导致产能过剩，本研究采用了波动率的分析方法，用 STDEV 标准差函数对 1985～2018 年全球造船完工量的波动率进行了简要分析。考虑到船舶建造周期一般在 2 年左右（部分高附加值船舶，例如豪华邮轮和大型海工装备的建造时间在 3～5 年），波动率分析周期选择了 2 年、5 年和 10 年。①以艘数考虑，全球造船完工量的 2 年期波动率总体保持在 5% 以下，最高为 1987 年的 16%，10 年期的波动率从 2013 年开始急剧上升，每年基本保持在 10% 左右。②以载重吨考虑，全球造船完工量的波动率急剧上升，1988 年的波动率（2 年期）达到 21.4%，2011 年（2 年期）达到近 30 年创纪录的 23.9%；5 年期的波动率在 2012 年、2013 年和 2014 年分别达到 20.7%、29.4% 和 27.8%；10 年期的波动率则显示近 20 年中，造船市场的波动率基本保持在 10% 以上，2013 ~ 2018 年的波动率基本保持在 20% 以上，这说明目前市场仍然饱受产能过剩的影响。本研究特意选择了 10 年期产能最大值和最小值形成的标准差。结果表明近 20 年来，波动率总体保持在 11% ~16%，这就意味着全球造船产能的过剩具有长期性和必然性（见表 2）。

（二）窖藏要素和行为策略是中国船舶产能相对过剩的重要原因之一

为应对市场的不确定性状况，企业往往会闲置一定的产能以满足市场波动性的需要，保证生产的可持续性。船舶设计建造时间长，船舶市场的国际性、周期性和波动性很强，因此造船业有必要存在窖藏行为。短期的窖藏行为属于合理的资源配置，中长期窖藏行为就会造成产能过剩、资产闲置浪费。同时造船业存在退出门槛高、退出周期长的特点，长期的窖藏行为和较高的退出壁垒导致了中国船舶产业产能过剩。

造船业属于全球竞争性产业，国家之间必然会采取一定的策略性行为以取得竞争优势地位。21 世纪初，韩国为了应对中国造船业的发展，加速在国内和海外投资建厂扩大产能，以维持世界第一造船大国的地位；处于成长期的中国船舶产业，也加大投资以保证相应的产能；韩中的竞争加剧了全球造船产能的急速膨胀。经过两国多年的竞争和产能的累积，在全球船舶市场需求急剧萎缩的情况下，产能过剩的问题异常明显（见图 4）。

（三）技术壁垒造成的投资壁垒导致产能相对过剩

造船技术的差异和技术壁垒给社会资本进入设置了不同的门槛。技术含量低的（如散货船、小型油船、普通渔船等），资本进入门槛低，所以进入的资本多，产能聚集度大，市场竞争激烈。技术含量高的（如 LNG 船、高端钻井装置、豪华旅游船等），资本进入门槛高，所以进入的资本少，产能相对不足，市场竞争相对缓和。在经济危机到来的时候，技术含量低的船型受市场的影响最直接，市场需求萎缩最快。据统计，2008 年全球金融危机爆发后，2009 年中国散货船新船订单量同比减少 39.3%。由于中国造船产能主要集中在这些领域，所以形成产能过剩。因此，国家严格限制资本进入

表 2 1985～2018 年世界造船产能波动率预估分析

年份	艘数（艘）	载重吨数（吨）	以艘数计算			以载重吨计算			
			2 年期的波动率	5 年期的波动率	10 年期的波动率	2 年期的波动率	5 年期的波动率	10 年期的波动率	10 年期的波动率（以每 10 年的最大值和最小值比较）
1985	3129	27761161							
1986	2651	25923442							
1987	2855	19314204	0. 162434			0. 133470			
1988	2788	20235565	0. 071007			0. 214010			
1989	2881	22018714	0. 040181			0. 028578			
1990	2687	24571786	0. 071202	0. 089309		0. 019679	0. 151579		
1991	2515	26429135	0. 002352	0. 062890		0. 028540	0. 152603		
1992	2477	28842368	0. 034579	0. 041211		0. 011116	0. 024895		
1993	2493	33089743	0. 015251	0. 043989		0. 039564	0. 028435		
1994	2456	30111454	0. 015062	0. 032890		0. 167774	0. 092397		
1995	2569	35301839	0. 043028	0. 039876	0. 065918	0. 185530	0. 102596	0. 131536	
1996	2627	39904212	0. 016570	0. 026030	0. 046349	0. 029699	0. 104997	0. 129788	0. 143468
1997	2648	39267522	0. 010312	0. 022485	0. 038019	0. 103469	0. 115193	0. 078961	0. 143468
1998	2513	37048539	0. 041702	0. 037036	0. 040284	0. 028676	0. 116536	0. 089345	0. 123329
1999	2608	45210549	0. 062781	0. 038454	0. 040831	0. 195738	0. 120505	0. 101902	0. 130547
2000	2674	50137506	0. 008836	0. 034920	0. 036434	0. 078721	0. 112774	0. 101645	0. 130547
2001	2811	50737361	0. 018333	0. 039809	0. 031830	0. 068599	0. 111303	0. 103807	0. 130547
2002	2751	53752196	0. 051321	0. 043000	0. 032467	0. 033557	0. 104390	0. 103638	0. 118131
2003	2789	59003448	0. 024860	0. 027654	0. 032435	0. 027063	0. 077388	0. 100610	0. 119271
2004	3065	65502822	0. 060208	0. 044895	0. 040920	0. 008810	0. 042091	0. 085350	0. 132178

续表

年份	艘数（艘）	载重吨数（吨）	以艘数计算			以载重吨计算			
			2 年期的波动率	5 年期的波动率	10 年期的波动率	2 年期的波动率	5 年期的波动率	10 年期的波动率	10 年期的波动率（以每 10 年的最大值和最小值比较）
2005	3251	77040685	0. 027065	0. 046036	0. 042079	0. 046662	0. 061043	0. 085792	0. 132178
2006	3513	78330756	0. 014075	0. 049464	0. 045618	0. 112711	0. 059512	0. 086527	0. 132178
2007	3842	87271644	0. 009236	0. 034471	0. 048869	0. 068870	0. 056994	0. 081307	0. 132178
2008	4479	99165257	0. 051016	0. 039665	0. 052480	0. 015655	0. 058688	0. 065010	0. 132178
2009	4998	129637116	0. 035302	0. 040277	0. 054473	0. 120916	0. 105655	0. 084900	0. 079271
2010	5508	187268759	0. 009782	0. 032905	0. 053106	0. 097070	0. 170486	0. 134551	0. 079271
2011	5424	207091299	0. 082938	0. 066373	0. 060251	0. 239505	0. 149397	0. 127118	0. 163126
2012	5512	186450334	0. 022256	0. 074544	0. 054891	0. 145326	0. 207251	0. 148774	0. 163126
2013	4878	133906062	0. 092805	0. 094084	0. 079839	0. 128794	0. 294644	0. 200453	0. 163126
2014	4463	119162384	0. 021175	0. 085865	0. 090456	0. 121417	0. 278219	0. 211379	0. 158285
2015	3817	114678864	0. 042193	0. 067575	0. 107458	0. 051251	0. 139865	0. 211491	0. 158285
2016	3343	116652670	0. 014541	0. 063439	0. 114225	0. 038776	0. 112649	0. 211481	0. 158285
2017	3015	112951397	0. 018431	0. 023115	0. 113020	0. 034606	0. 117071	0. 212330	0. 158285
2018	2827	92061127	0. 025287	0. 032359	0. 092994	0. 108343	0. 078960	0. 221108	0. 144885

注：艘数和载重吨数据来源于 HIS sea-web，以年造船完工量代替产能估算。

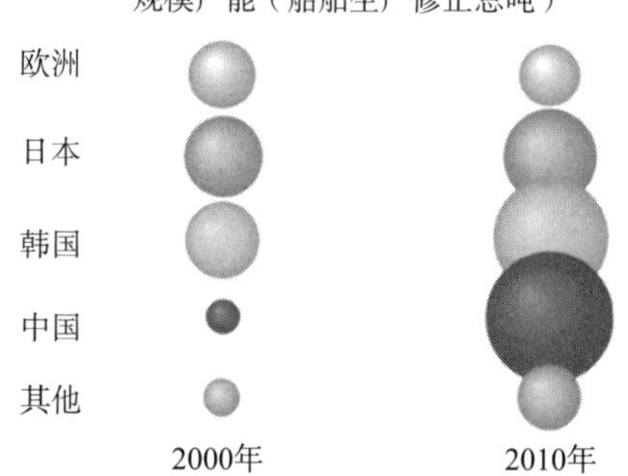

图 4 2000 年、2010 年全球主要造船国家造船产能变化情况

资料来源：www. cesa. or. jp –。

这种船型技术含量低、建造方式落后的市场。

（四）地方政府对市场的盲目判断，导致投资的盲目性，助推了中国船舶产业产能过剩，加剧了市场的无序竞争

一方面，船舶产业的国际性、关联性、专业性决定了地方政府官员不可能对船舶市场做出精准的把握和判断，决定了地方政府对船舶产业的发展有认识盲区；另一方面，政绩考核、地方政府对地方财税政策的绝对决策权，决定了地方政府有需求、有能力对船舶产业进行投资，其对市场的盲目判断和非理性投资，导致了中国造船产能的畸形发展。地方政府通过廉价供地、减税免税、低价配置资源等方式招商引资，耗费了大量劳动力资源和优质的岸线资源，承接了大量日、韩亟须淘汰的产能[①]，包括船舶分段和散货船（中远川崎除外）。据了解，完成同样的物量，建造生产船体分段及舱口盖的附加值只是整船的 1/3。当然，随着产能过剩的影响，中国近 10 年来已经出台系列控制新建产能特别是低端产能的政策，特别是在新时代下对环保要求的提高，促使地方政府的非理性投资行为得到明显控制。

（五）从博弈论角度分析船舶行业去产能的困难

从博弈论角度看，中央政府、地方政府、企业三个层面的观念和行为都会对中国船舶行业去产能产生较为重要的影响。

① 刘志良：《破局突围，解铃还须系铃人》，《中国船舶报》2013 年 10 月 25 日，第 3 版。

从中央政府看，船舶产业作为军民融合产业，不仅在国内，而且在全球受到各国政府的支持。从中国实际情况看，目前只完成了世界造船大国的历程，还未成为世界第一造船强国。2008 年金融危机以来，韩国政府一直以多种形式对国有银行托管的大宇造船以及现代重工、三星重工等大型造船集团予以大力支持。面对韩国 2011 年高达 5400 万载重吨的造船产能，中国政策最初的最优选择是“不去产能”，因为历史经验表明：日本退出世界第一造船大国是与其去产能同步进行的，韩国正是在行业低迷期加速提高产能而成为世界造船大国的。因此在这个阶段，中国去产能更多地是导致少部分企业经营困难而破产。在此情况下，中国造船行业去产能的概率就是 1/2。

随着韩国造船产业逐步去产能，以及全球造船市场需求减少，中国政府对政策的最优选择是“去产能”。2013 年前后，中央政府加速制定船舶等产业的去产能政策。地方政府政策的最优选择需要考虑在税收、就业等行为与中央政府政策两者之间做出平衡。在这个阶段，地方政府一方面需要落实国家政策，另一方面须面对去产能带来的税收减少、失业等经济和社会因素。因此，地方政府对去产能的主动性不高。随着部分地方政府率先去产能以及国家政策实施考核力度的加大，各地方政府在 2015 年前后加速了造船行业去产能。不过根据中国船舶工业行业协会数据，截至 2016 年，部分省份去产能仍比较缓慢。在这种情况下，中国造船行业去产能的概率是 1/4。

随着新造船市场竞争压力越来越大，从 2012 年开始，造船厂一方面还在奢求市场的好转，期待重整旗鼓；另一方面，面对中央政府和地方政府的去产能要求不得不选择重组或破产。此外，部分企业由于国家在舰船装备领域的支持而继续存活，部分优质企业通过提高竞争力不断做大做强。在这种情况下，中国造船行业去产能的概率是 1/8。不过在这个阶段，市场和政策的力度之大都不是企业所能掌控的，经营困难或竞争力弱的中小型企业加速重组或破产。

根据上述分析，中国造船行业去产能不会一蹴而就，产业利益攸关方的各种考量和阻碍都会造成去产能的困难。不过随着时间的推移，市场机制和政策制度对造船行业去产能的作用会越来越大（见图 5）。

从船用配套企业的进入退出看，由于欧美、日韩船用配套企业具有强大的研发能力、高质量的生产精度、全球网络的配送与服务，中国企业一方面面临船市急剧下滑的影响，另一方面面临外资企业在高端市场的围

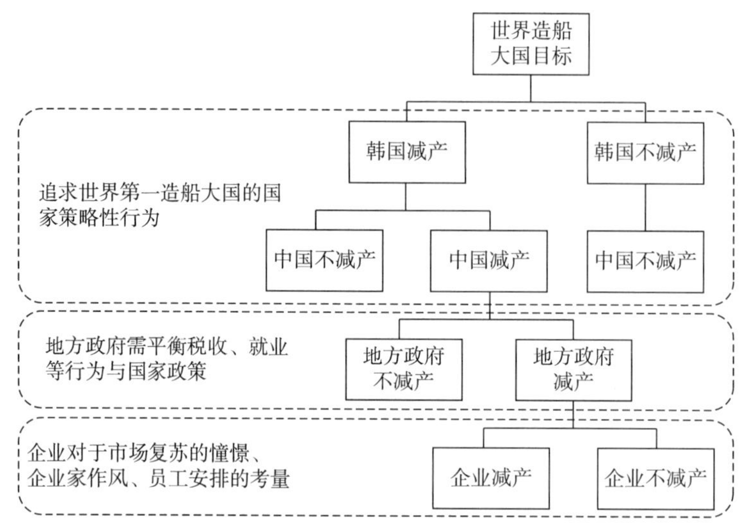

图 5　船舶行业利益攸关方去产能的行为博弈分析

剿。特别是国外船东对配套设备的指定要求，使内资企业选择低端市场成为必然。

通过对国内外学者关于船舶产业发展研究文献的梳理分析发现：国外学者在纯粹的自由市场经济环境中进行研究。其研究成果难以解决中国不同性质船舶企业间产业组织混乱问题。国内学者虽然从多角度研究了中国船舶产业目前发展存在的问题及对策，但是没有就中国船舶产业产权组织结构、经营权与所有权之间关系等问题进行深入研究。而这些问题是中国船舶产业诸多问题的核心，如果不能有效解决，提出的对策难以解决中国船舶产业减能增效问题。关于中国船舶与海洋工程装备产业去产能的理论研究和应用研究非常少。深入对中国船舶产业市场供需的系统研究，充分利用“一带一路”倡议机遇，结合供给侧改革理论，整合国内不同性质的船舶企业，深化混合所有制改革，实现企业间从平层混乱竞争关系向产业雁阵有序共赢关系转变，建立产业内部配套供需平衡和总体产能与市场需求平衡的发展结构体系，是中国船舶与海洋工程装备产业去产能的科学选择。

An Analysis of the Impact the Capacity Supply and Demand of China's Shipping Industry

Tan Xiaolan

(Shandong Research Institute of Marine Economy and Culturology, Qingdao, Shandong, 266071, P. R. China)

Abstract: Since the reform and opening up, China's shipbuilding industry has developed rapidly and made remarkable achievements. The serious relative overcapacity has laid a huge hidden danger to our country's healthy economic development and social stability. The two major characteristics of the relative overcapacity of China's shipbuilding industry are the total overcapacity and the structural overcapacity. The periodicity of market economy, factor storage and strategic behavior of shipbuilding enterprises, industrial technical barriers and improper interference of local governments in industrial development are the main causes of excess shipbuilding industry in China. We should seize the opportunity of the "Belt and Road" initiative, integrate the shipbuilding enterprises with different properties in China, deepen the reform of mixed ownership, and realize the transformation of the relationship between enterprises from the current level of chaotic competition to the orderly and win-win relationship between the industry and geese, and establish a development structure system that balances the supply and demand of industries and the overall production capacity and the market demand. Scientific selection of production capacity.

Keywords: Behavioral Strategies; Cellar Elements; China's Shipbuilding Industry; Throughput; Market Demand

（责任编辑：王苧萱）

山东省渔业发展转型升级探讨

潘树红*

摘　要：山东省渔业正面临产品结构失衡、生产要素配置不合理、经济增长速度降低、环境资源压力大等一系列突出矛盾和问题。积极推进转型升级是现代渔业发展的客观要求。本文梳理了山东省渔业发展的历史与现状，在总结变化的同时，指出潜藏在成就背后并制约未来发展的几个关键问题，着重分析了新时期下渔业转型升级的内涵与目标、困难和挑战，并就如何加快推进渔业转型升级提出对策建议：一是统一认识，厘清渔业转型升级的基本思路；二是总结经验，消除渔业管理中的机制缺陷；三是鼓励创新，让改革成效遍及渔业发展的各个方面。

关键词：渔业　养殖产量　沿海渔区　乡村振兴战略　捕捞强度

山东省是海洋大省，也是渔业大省。长期以来，渔业在保障国家粮食安全、丰富动物蛋白种类、传承传统文化、维持沿海渔区稳定、拓宽就业渠道、增加农渔收入、扩大出口和赚取外汇等方面，发挥着重要的甚至是不可替代的积极作用。但目前，它正面临产品结构失衡、生产要素配置不合理、经济增长速度降低、环境资源压力大等一系列突出矛盾和问题[①]。这些矛盾和问题能否得到有效解决不仅关乎渔民和消费者的切身利益，而且关系到山东省渔业在国家新一轮海洋经济发展中的战略地位。同时，国家乡村

---

* 潘树红（1962～），女，山东社会科学院山东省海洋经济文化研究院副编审，主要研究领域：海洋经济。

① 同春芬、夏飞：《供给侧结构性改革背景下我国海洋渔业面临的问题及对策》，《中国海洋大学学报》（社会科学版）2017 年第 5 期。乐佳华、刘伟超：《从供给侧改革视角探究中国渔业产业结构升级——基于面板数据的实证分析》，《世界农业》2017 年第 10 期。

振兴战略、生态系统保护和修复工程、水生生物资源保护工程、国家海洋权益维护和“一带一路”国际合作等方面也对山东省未来渔业发展提出新的要求①。

一　渔业发展回顾

山东省自古以来就有舟楫之便、渔盐之利②。但从商周到清末，其渔业发展还只是局限于内陆河湖和滨海近岸③。辛亥革命以后到中华人民共和国成立之前，虽有不断探索，但因为受到战乱的影响，山东渔业发展始终未取得实质性的突破④。直到中华人民共和国成立以后，特别是改革开放后的这几十年，山东省渔业发展出现了翻天覆地的变化⑤。这些变化集中体现在以下几个方面。

（一）综合生产能力有了显著提升

按照国家统计局的数据，1949 年山东省水产品总产量只有 9.9 万吨，于 1974 年首次突破 50 万吨，然后用了十余年时间，到 1987 年突破百万吨；步入 20 世纪 90 年代后，产量增速明显加快，到 1995 年时达到 380.94 万吨，1996 年激增至 586.69 万吨；进入 21 世纪以后，总体保持了较为平稳的增长，于 2016 年达到历史峰值 903.74 万吨；2018 年，在供给侧结构性改革的作用下，产量小幅回落至 861.4 万吨，大致与 2013 年水平相当⑥。山东省渔业产值在 1949 年仅为 0.28 亿元，直到 1959 年才达到 1 亿元；经过 20 余年的缓慢发展，直到 1985 年才超过 10 亿元；然后产值增速加快，仅用了 7 年时间，于 1992 年便突破了 100 亿元；2011 年，又突破了 1000 亿元；在 2016 年达到历史峰值 1595.03 亿元后，2018 年小幅回落至 1558.22 亿元

---

① 农业部：《大力实施乡村振兴战略加快建设现代化渔业强国》，农业部渔业转型升级推进会报告，2018。

② 周才武：《古代山东地区渔业发展和资源保护》，《中国农史》1985 年第 1 期。

③ 丛子明、李挺：《中国渔业史》，中国科学技术出版社，1993。

④ 李士豪、屈若搴：《中国渔业史》，商务印书馆，1998。

⑤ 丁志习：《山东渔业六十年沧桑巨变》，《中国水产》2009 年第 10 期。

⑥ 《山东省：水产品产量》，https://d.qianzhan.com/xdata/details/0425a371b56 a5cbd.html，最后访问日期：2019 年 6 月 19 日。

（见图 1）①。

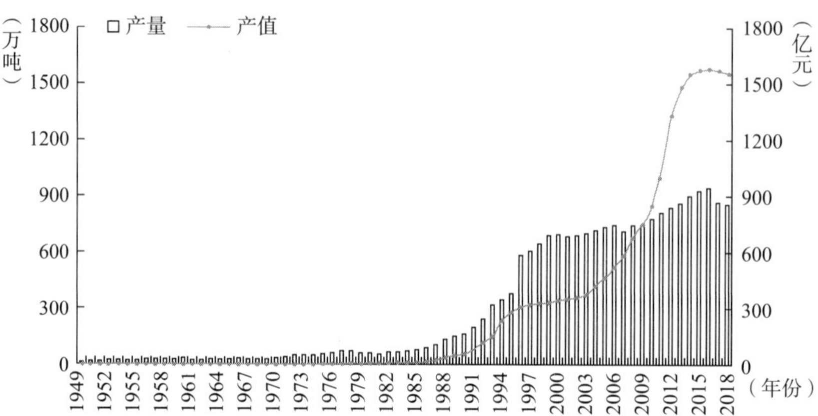

图 1　1949～2018 年山东省水产品产量、产值变动趋势

资料来源：国家统计局，http://www.stats.gov.cn/tjsj。

（二）产业结构发生了重大转变

中华人民共和国成立初期，山东省的渔业产出基本上完全依赖捕捞②。但是，随着人口的快速增长和人们对水产品需求的增加，捕捞强度不断增大，近海渔业资源出现明显衰退。为了解决水产品供给不能满足消费需求这一突出矛盾，山东省从 20 世纪六七十年代便开始积极探索人工养殖模式。随着关键技术的突破和实践经验的不断积累，进入 20 世纪 80 年代以后，特别是在 1985 年确立了渔业发展“以养为主”的方针后，在地方各级政府部门的大力号召下，山东省水产养殖业发展十分迅猛③。1994 年，全省水产养殖产量一举超过捕捞产量，实现了渔业产业结构由“捕捞型”向“农牧型”的转变。经历了 20 世纪 90 年代初期对虾养殖“过山车”式发展和 90 年代中后期栉孔扇贝大规模死亡灾害后，山东省对养殖产品结构做出相应调整④。步入 21 世纪后，告别了以“四大家鱼”和藻、贝为主的局面，形成鱼（鲤、草、鲢、鲆、鲈等）、虾（南美白对虾、日本对虾等）、贝（蛤、

① 《山东：渔业总产值》，https://d.qianzhan.com/xdata/details/813c55c4b9ac00 eb.html，最后访问日期：2019 年 6 月 19 日。

② 丁志习：《山东渔业六十年沧桑巨变》，《中国水产》2009 年第 10 期。

③ 孟庆武、赵斌：《山东海洋渔业现状及发展潜力分析》，《齐鲁渔业》2009 年第 6 期。

④ 《山东省：水产品产量》，https://d.qianzhan.com/xdata/details/0425a371b56 a5cbd.html，最后访问日期：2019 年 6 月 19 日。

扇贝、牡蛎等）、藻（海带、裙带菜、江蓠等）和海珍品（海参、鲍鱼、梭子蟹等）等共同发展的格局，主要养殖品种由过去的几种增加到40多种[①]。

（三）实现了以市场为主导的经营方式

中华人民共和国成立以后到改革开放之前，山东省的渔业经营体制是单一的集体所有制；1978年开始实行以家庭联产承包为基础、统分结合的双层经营体制；1982年，山东省又对渔业进行重大改革，“大包干”承包经营责任制在渔区得到普遍推广；1985年，全面放开水产品价格管制，从根本上改变了水产品价格长期与价值偏离的问题；从20世纪90年代开始，一些地方以集体所有制为基础，进行了股份制改革，进一步激发了渔业发展的活力；进入21世纪后，渔业产业化进程加快，经营方式不断向区域化、规模化发展，经营体制不断向以产权为纽带的合作制、股份合作制转化，渔业市场化、组织化、国际化程度日渐提高[②]。

二　渔业发展现状与制约瓶颈

（一）与其他沿海省（自治区、直辖市）的横向比较

1. 渔业综合生产能力

按照《2019中国渔业统计年鉴》（以下简称《年鉴》），2018年山东省水产品总产量为861.4万吨，在沿海9个省（自治区、直辖市）中居于首位，分别比排名第二的广东省和排名第三的福建省多2%和10%。其中，捕捞产量为223.27万吨，位居全国第三。同年，山东省渔业产值1558.22亿元，位居全国第二。

2. 渔业产业结构

根据《年鉴》统计数据，2018年山东省捕捞和水产养殖产量在水产品总产量中的占比分别为26%和74%。就捕捞产量占比而言，山东省在全国9个沿海省（自治区、直辖市）中排名第五，低于海南省的62%、浙江省的

① 农业农村部渔业渔政管理局：《2019中国渔业统计年鉴》，中国农业出版社，2019。丛军：《山东省渔业产业结构现状与优化升级》，《中国渔业经济》2012年第2期。

② 丁志习：《山东渔业六十年沧桑巨变》，《中国水产》2009年第10期。王夕源：《山东半岛蓝色经济区海洋生态渔业发展策略研究》，博士学位论文，中国海洋大学，2013。

60%、福建省和河北省的 29%；就水产养殖产量占比而言，山东省同样位居全国第五，低于江苏省的 84%、辽宁省的 83%、广东省的 81% 和广西壮族自治区的 80%；依海水养殖在水产品总产量中的比重而论，山东省以 60% 位居第三，比排名第一、第二的辽宁省和福建省分别低 4 个和 1 个百分点。

3. 三产要素配比

2018 年，山东省渔业经济总产值为 4133.07 亿元[①]，位居沿海 9 个省（自治区、直辖市）首位，分别比排名第二的广东省和排名第三的福建省多 26% 和 48%；其中，渔业产值为 1558.22 亿元，渔业第二、第三产业合计产值为 2574.85 亿元[②]；山东省渔业第二、第三产业在渔业经济总产值中的占比高达 62%，在沿海 9 个省（自治区、直辖市）中排名第一，比排名第二的广东省和排名第三的福建省分别高 3 个和 6 个百分点。

通过以上数据对比可以看出，山东省不仅是名副其实的渔业大省，更是水产养殖大省、海水养殖大省，渔业第二、第三产业产值在渔业经济总产值中占比最大。这反映出山东省渔业第二、第三产业的发达程度最高。但是，在山东省渔业发展成就的背后，却也隐藏着危机。

（二）制约未来发展的几个关键问题

1. 尚未摆脱主要依靠规模扩张和资源消耗的粗放型增长模式

山东省渔业发展至今，虽然水产品综合生产能力有了显著提升，但主要还是依靠资源禀赋和区位优势，发展方式较为粗放[③]。早期山东省渔业生产以近海捕捞为主，但是随着捕捞强度不断增大，渔业资源逐渐衰退，一些重要的经济鱼类（如大黄鱼、小黄鱼、带鱼、墨鱼、真鲷等）因过度捕捞而濒临灭绝。目前虽然捕捞强度得到有效控制，捕捞产量继续负增长，但是近海渔业资源中经济鱼类比重依然较低，以营养层次低、生命周期短的小型鱼类为主。

转型“以养为主”的渔业发展模式后，准入门槛较低、社会中集聚的势能较大，导致“一哄而上”的情况时有发生。局部海域大规模、高密度

① 农业农村部渔业渔政管理局：《2019 中国渔业统计年鉴》，中国农业出版社，2019。

② 农业农村部渔业渔政管理局：《2019 中国渔业统计年鉴》，中国农业出版社，2019。

③ 丛军：《山东省渔业产业结构现状与优化升级》，《中国渔业经济》2012 年第 2 期。

的养殖不仅给生态环境带来了沉重负担，而且使海洋生物群落结构发生了明显改变，导致附近海区的生物种类多样性程度普遍降低。加之近年来赤潮灾害频发、养殖大规模死亡灾害时有发生，水域生态问题愈加突出，因此，海水养殖本身也面临着因环境污染、负载过大而不可持续的问题。山东作为渔业大省，在发展绿色养殖和海洋生态环境保护与修复方面还任重道远。

2. 单位产出效益低，渔业利润空间小

随着近海渔业资源的衰退，海洋捕捞单位努力量下的渔获量也会相应减少。虽然山东省积极地以远洋捕捞替代近海捕捞，但实际上，最近几十年来，全球渔业资源水平也出现了明显下降，远洋捕捞的资金成本、劳动力成本、时间成本等也在不断上涨。并且，根据《世界贸易组织协定》和中国《“十三五”全国远洋渔业发展规划》，各种形式的捕捞燃油补贴要在2020年前逐步取消，这无疑将进一步加重捕捞业的成本负担。另外，海捕野生水产品受养殖水产品的冲击，价格始终在低位徘徊。因此，未来捕捞产业利润空间会被进一步压缩。

与海洋捕捞的“无鱼可捕”不同，山东省水产养殖发展受到“丰产不丰收”的困扰。从经济学角度来看，造成这一问题的根本原因在于实际生产规模超过最大经济产量（MEY）规模——产量增长速度超过市场有效需求的增长速度，单产利润便会出现下降。养殖者为了维持利润总量，通常会采取增加苗种投放量、加大养殖面积等方式来扩大生产规模。盲目扩大生产规模，既不可避免地造成投入要素资源浪费，导致产出效率降低，又加剧了环境负担，使产品体态变得越来越瘦、越来越小。受“产品质量越差，销售价格越低”市场规律的制约，养殖生产陷入“产量增加—利润降低—规模扩张—质量缩水—价格下跌”的恶性循环。

3. 产业存在“虚高度化”现象

这里所说的“虚高度化”，是指产业结构合理化进程落后于产业结构高度化进程，从而会对渔业经济发展起到负向作用。从渔业第二、第三产业产值在渔业总产值中的占比可以看出，山东省相比于其他沿海省（自治区、直辖市），渔业产业结构高度化更强。这从侧面反映出过往山东省的渔业产业政策对于产业结构比重调整较为重视，也能够体现出其渔业管理部门通过行政命令和政策措施等手段对破除三大产业发展的体制、机制障碍所做出的努力。然而，凡事皆有两面性：在专注于实现渔业产业结构高度化的同时，却容易忽视对以劳动力为代表的生产要素的调整，这就或多或少地会造成产业结构合理化与高度化之间的脱节。

通过比较渔业经营情况可以清楚地发现，2018 年山东省渔民人均纯收入为 22427 元，低于浙江省的 27637 元、江苏省的 26955 元[①]。换言之，山东省渔业产业结构的高度化，并未给当地渔民带来更多的、切实的经济利益。造成这一问题的主要原因在于，虽然山东省在推动渔业向第二、第三产业发展方面走在前列，但对渔业本身的发掘还稍显不足；山东省虽然是水产品产量最多的省份，但真正有影响力的品牌相对欠缺，对于像盱眙小龙虾、阳澄湖大闸蟹等可以“带火一条街、兴盛一座城”的水产品的开发力度还不够。

三　渔业发展转型升级分析

（一）转型升级的内涵和目标

本文认为，“转型”的内涵要求是调节经济发展结构，转变经济增长方式，为经济增长提供新的动力；“升级”是“转型”的目标，其内涵主要是关注效率的提升，实际应对的是经济发展和消费升级的要求[②]。二者既构成一个连贯的过程，又是一个不可分割的整体。那么，从可持续发展的角度来看，渔业转型升级是要摆脱对资源和环境的过度依赖，避免资源枯竭和环境破坏导致的产业衰败，通过向多元化转变，实现渔业的可持续发展[③]。从完善政府引导和调节职能角度看，渔业转型升级是指通过降低渔业交易成本、建立渔业结构适应市场需求的体制和机制、制定并实施积极有效的产业发展政策，引导渔业健康发展[④]。在当下农业供给侧结构性改革的背景下，渔业转型升级以确保国家海洋经济安全为前提，根据市场需求变化，实现生产要素市场和产品市场二者间的平衡，通过渔业体制创新和制度创新，优化渔业生产和经营体系，提高渔业供给质量和效益，完成从注重满足量的需求向注重满足质的需求转变[⑤]。概言之，渔业转型升级不仅要“增量调结构”，还

① 农业农村部渔业渔政管理局：《2019 中国渔业统计年鉴》，中国农业出版社，2019。

② 王国平：《产业升级论》，上海人民出版社，2015。

③ 杨林：《海洋渔业产业结构优化升级的产业政策取向——基于产业生态学视角》，经济科学出版社，2012。

④ 刘志迎、徐毅、庞建刚：《供给侧改革——宏观经济管理创新》，清华大学出版社，2016。

⑤ 陈平、吴迎新：《广东省海洋产业发展优化研究》，海洋出版社，2015。

要“存量调结构”。其基本目标包括以下几个方面。

1. 生产端实现产业结构高度化

以“供给侧”为改革的出发点，建成高效益的产业结构。这里指将产业结构逐渐从劳动较密集、附加值较低的产业向技术更密集、附加值更高的产业转移，即促进渔业向第二、第三产业不断发展。但必须强调的是，第二、第三产业比重的增加不是靠转移劳动力，而是靠提升劳动生产率。

2. 要素端实现产业结构合理化

以“结构性”为改革的落脚点，达成各部分之间的有机协调。这里指根据资源条件、供需结构、科技水平和人口素质等调整不合理的产业结构，即提高渔业产业间的聚合质量。它涉及两个层面的内容：一是产业之间的规模比例；二是产业之间的关联程度。因此，在评价渔业产业结构是否合理时，既要考虑产业间的独立性，是否具备自我调节和自我发展的能力；又要考虑产业间的系统性，是否实现集聚经济效益的最大化。

3. 整体上实现产业发展生态化

生态文明是近年来学界研究的热点，更是人类对传统文明形态特别是工业文明的深刻反思，它强调人与自然应和谐相处。这里指既要保证渔业资源本身不发生退化，确保物种多样性，又要满足渔业发展需求和人们不断提高的水产品消费需求，即再塑“日暮紫鳞跃，圆波处处生”的景象，推动并形成绿色高效、资源节约、环境友好的渔业发展新格局，建立生态合理、经济可行、社会接受的现代渔业体系。

（二）转型升级需要克服的困难与挑战

1. 产业黏性

产业黏性对转型升级的阻碍主要体现在“一多、一少”两个方面。

“一多”是指产业中的结构性矛盾多。从生产结构本身来看，存在因体量大、历史长而转型升级困难的问题。山东省渔业整体规模很大，2018年渔业经济总产值位居全国首位。一般而言，体量越大的产业，实现快速转型的难度越大。另外，山东省渔业发展历史悠久，在过去凭借资源禀赋形成了资源依赖型的传统渔业发展模式，所积累起来的各种基础设施、生产条件、劳动力基础、生产技术、观念与意识等对产业转型升级的适应性较差。从生产结构以外的其他发展要素结构来看，还存在诸如技术结构、投资结构和劳动力结构等与转型升级相矛盾的问题。在技术方面，有很多遗传育种、疾病控制、产品质量之类的难题没有攻克。山东省目前的主要养殖品种有 40 多种，但多数未经过遗传改良，特别是一些高值品种（如虾、蟹、参、鲍等）在养殖过程中发育不良、个体消瘦、成活率低的情况时有发生。在投资方面，由于渔业属于高风险行业，金融机构对其开展业务时十分审慎，而转型升级通常意味着对原有装备或技术的改良甚至摒弃，对资金的需求很大，渔业投资供需不对称的现象特别明显。在人力资源方面，存在专业人才缺失和非渔农民大量涌入的双重矛盾。一方面，存在老龄化严重、受教育程度低、专业技术人才短缺、高端人才储备不足的问题；另一方面，目前尚未建立规范严格的渔民身份认证机制，造成渔业从业人员流动性大、经营中追求短期利益最大化和政府宏观渔业管理力度被弱化等问题。

“一少”是指升级动力与机制保障少。山东省渔业虽然体量很大，但产业内部组织化程度较低，经营者以散户为主，产业竞争呈现“小而散”的单兵作战态势。具有一定规模的企业大多是占据产业链中的某一个或者某几个环节，拥有的全产业链的大型渔业公司数量较少。这种产业分布不连贯且行业集中度不高的渔业组织格局缺少强有力的主体进行有效的整合，难以形成合力，从而导致产业转型升级的内在驱动力不足。渔业的准入门槛很低，资源性生产要素价格扭曲与不健全的市场机制一方面造成进入和退出市场的成本较低，让从业者更倾向于选择在能够“搭便车”的时候进入渔业或者在进行难度较大的转型升级时退出渔业；另一方面导致海域等渔业资源被低价（甚至无价）、低效、低环保标准使用，客观上鼓励了粗放式的生产经营行为，形成了资源依赖型渔业发展环境。

2. 价值链低端锁定

由于地区间的要素禀赋存在差异，不同地区通常会具有不同的比较优势。因此，在漫长的渔业发展过程中，各地区为了追求效益最大化，会选择不同的生产分工，进而导致了产品价值增值率的差异。但是，渔业转型升级意味着要素禀赋的结构将发生改变，其所在的分工环节很可能就不再具备比较优势。此时，也只有通过再分工才能实现对要素资源的最佳配置。也就是说，当一个地区要素禀赋改变时，可以沿着价值链向高端环节攀升，实现转型升级。然而，现实中很多位于价值链低端的地区并没有顺利实现向价值链高端环节的攀升，反而出现了“价值链俘获”效应。

按照 Humphrey 和 Schmitz 的价值链升级理论[①]，在价值链体系下，山东省渔业产业存在工艺升级→产品创新升级→功能创新升级→链条升级的序贯式创新能力升级和价值链升级模式。但 Gibbon 等指出，前面两个升级可以在价值链体系或网络中实现，可一旦进入后面两个更高阶的价值链升级过程，就会受到既有链主控制和阻击，从而被“俘获”或“锁定”在价值链的低端环节[②]。其手段主要包括：抬高技术转移门槛乃至实施严格的技术封锁[③]；构建进入壁垒（如产品进口质量、设计、环保监测等）或进行苛刻的产品要求[④]；利用不同地区之间或地区内部企业之间的可替代性，制造低价竞争战，切断靠利润积累获得创新投入的通道[⑤]；强化行业技术标准和专利丛林策略[⑥]。

综上所述，山东省渔业转型升级需要克服产业黏性及价值链低端锁定两种阻力。相较而言，产业黏性类似于物理学中的“惯性”，力量主要来自产业内部，是产业发展过程中自发形成的不利于转型升级的因素；而价值链低端锁定主要遭受外力的制约或打压，这意味着在克服自身难题的同时还要与其他沿海省（自治区、直辖市）展开竞争。

四　加快推进渔业转型升级的对策与建议

（一）统一认识，厘清渔业转型升级的基本思路

渔业转型升级并不是简单地将劳动力向第二、第三产业转移，而是要更

① J. Humphrey, and H. Schmitz, "How does Insertion in Global Value Chains Affect Upgrading in Industrial Clusters?" *Regional Studies* 369(2002):1017－1027.

② P. Gibbon, J. Bair, and S. Ponte, "Governing Global Value Chains: An Introduction," *Economy and Society* 37(2008):315－338.

③ E. Giuliani, C. Pietrobelli, and R. Rabellotti, "Upgrading in Global Value Chains: Lessons from Latin American Clusters," *World Development* 33(2005):549－574.

④ P. Perez-Aleman, and M. Sandilands, "Building Value at the Top and the Bottom of the Global Supply Chain: MNC-NGO Partnerships," *California Management Review* 51(2008):24－48.

⑤ H. Schmitz, "Local Upgrading in Global Chains: Recent Findings," The DRUID Summer Conference, 2004.

⑥ C. Pietrobelli, and F. Saliola, "Power Relationships along the Value Chain: Multinational Firms, Global Buyers and Performance of Local Suppliers," *Cambridge Journal of Economics* 32(2008):947－962.

大程度地摆脱对渔业资源和生态环境的依赖。实现生态化发展应当是渔业转型升级的首要目标。在实现这一目标的过程中，我们要把海洋环境的承载力和可持续发展能力作为产业结构调整和优化的依据，以生态学原理为基础，强调生态系统的多样性和稳定性，按照生态规律开发，在人与自然相互和谐的基础上，最大限度地提高经济效益。

在转型升级的路径探索上，要充分体现对“转型”“升级”两个维度的安排，具体来说，要考虑以下几个方面。

1. 生态环境和外部空间的允许

要注重科学规划，渔业发展必须与生态环境保护相结合，避免掠夺式、骚扰式（hit and run）的开发；关注其他产业，特别是一些跟渔业存在资源竞争关系的产业，关注其在转型升级过程中对渔业的影响和要求，避免彼此间产生矛盾和负面影响；处理好不同产业间的空间配置问题，避免在使用权或优先使用权上产生冲突。

2. 渔业产业综合效益的提升

要改变以往粗放式的发展模式，摒弃在过去发展中形成的资源依赖性；在努力打破技术瓶颈的同时，注重技术效率的提高，优化经营结构和管理模式；推进和发展渔业循环经济，提高产业内部生产要素的综合使用率；推动产业链向上、下游两端延伸，形成多元结构的产业链条，并提升产业链的附加值。

3. 将来社会进一步发展的要求

对于将来社会发展中可能出现的问题，要有所预判，避免因重复建设而花费不必要的时间成本和资金成本；要着眼于更加长远的未来，预设好可以及时修正或替代的方案，允许在时机成熟或必要时，产业升级比较轻松地向更高版本跨越。

（二）总结经验，消除渔业管理中的机制缺陷

在山东省渔业发展初期，机制缺陷并未充分地暴露出来，可随着时间的推移，渔业发展到一定程度后，“只强调如何快速发展，而忽视如何高质量发展”等问题便逐步暴露。可以说，在发展壮大之后的相当长时间里，渔业实际上更多地处在一种治理不当或管制缺失的滋生状态。在经济发展的大潮中，也就不可避免地出现了通过规模扩张、无限投入和透支未来资源而快速换取财富的非理性应激行为。

我们认为，渔业管理机制改革和创新之所以如此艰难，其主要原因在于：根本上渔业管理依然在沿袭政府管制的单一治理模式，禁锢于“渔业必须由政府来管”的传统思想当中，没有考虑到渔业本身的多样性和管理目标的复合性。若想彻底消除渔业管理中的机制缺陷，我们给出的建议是：进一步解放思想，打破传统观念的约束。具体办法可概括为以下三点。

1. 管理主体多元化

在以政府为主导的前提下，通过完善渔业组织制度、政策扶持、政府指导等手段，鼓励渔业协会、组织以及渔民或养殖户个人参与管理，从渔业内部加强监管并实现行业自律。

2. 管理结构网络化

改变“自下而上反映”“自上而下落实”的单向传输方式，形成在管理过程中各级管理者都可以信息互通、资源共享、合作共治的格局，让决策者、管理者、专家学者和渔业经营主体都成为管理网络中的重要一环，从根本上解决单一决策模式所带来的管理不当或管理无效等问题。

3. 管理方式自主化

政府和渔业管理部门需重点做好顶层设计工作，把正向激励和反向激励有机地嵌入组织结构和制度条文中，以便抑恶扬善，让个人利益与公共利益实现共赢。在管理方式上要灵活多样，赋予其他参与主体更多的使命和内容，避免“重理论、轻实践”。要根据渔业的实际状况，因地制宜，最大限度地克服“搭便车”“一刀切”等行动难题。

（三）鼓励创新，让改革成效遍及渔业发展的各个方面

创新的主体不单是渔业生产者，还包括政府、科研院所、金融机构、中介组织等所有的利益相关者。创新的对象不仅是设施和资金等硬件条件，还包括政策体系、制度框架、科学研究等“软实力”。创新的内容不光是技术创新和产品创新，还包括组织创新和制度创新，以及广义的社会方面的创新。

山东省渔业转型升级实质上是要形成知识创新、技术创新、制度创新、金融创新、服务创新等侧重点不同但又紧密联系的创新驱动体系，并在此基础上实现各种创新形式的集成创新和协同创新（见图 2）。

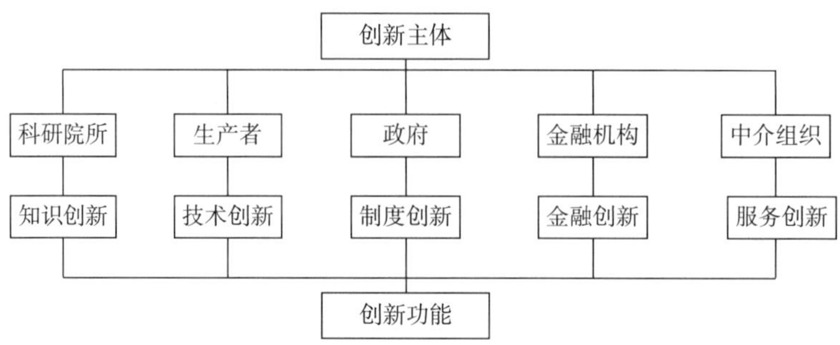

图 2　山东省渔业创新驱动体系示意

The Transformation and Upgrading of Fishery Development in Shandong

Pan Shuhong

(*Shandong Research Institute of Marine Economy and Culturology, Qingdao, Shandong, 266071, P. R. China*)

Abstract: Shandong's fisheries are facing prominent contradictions and problems such as unbalanced product structure, irrational allocation of production factors, lower economic growth rate and great pressure on environmental resources. Therefore, actively promoting transformation and upgrading is an objective requirement for further development in this field. This paper summarizes historical changes in Shandong fishery development, and points out several key problems hidden behind achievements after comparing the current situations between in Shandong and in other Chinese coastal provinces. With the elaboration on connotation, targets and challenges in the new era, it finally puts forward three administrative suggestions on how to accelerate the transformation and upgrading of Shandong fishery development, including: ⅰ) to unify knowing and understanding on fishery transformation and upgrading; ⅱ) to learn from experience and improve fishery management mechanism; ⅲ) to encourage innovation so that the reform results can spread to all aspects of fishery development.

Keywords: Fisheries; Aquaculture Yield; Coastal Fishing Communities; Rural Vitalization Strategy; Fishing Intensity

（责任编辑：孙吉亭）

山东省水资源瓶颈与海水资源产业发展

王海超*

摘　要　淡水资源是人类社会未来最为紧缺的资源之一。中国是一个水资源较为紧缺的人口大国，水资源紧缺问题将严重制约国家发展。山东省是中国水资源紧缺比较严重的沿海经济大省和人口大省。水资源的紧缺给山东省经济社会全面发展带来巨大的挑战。一方面，这直接制约着山东省的工业化、城市化进程；另一方面，地下水资源的过度开采有可能导致土壤的荒漠化和沙漠化，给山东省带来严重的生态环境灾难。经略海洋，综合开发利用海洋水资源是山东省突破水资源瓶颈最直接、最有效的战略选择。科学技术的提升和市场需求的扩大使得海水淡化的整体产业链保持中速平稳增长。海水淡化产业未来有望成为中国沿海淡水资源紧缺地区突破水资源匮乏瓶颈的重要选择。

关键词　经略海洋　资源瓶颈　淡水资源　海水资源　海水产业

淡水资源是人类社会未来最为紧缺的资源之一。早在1977年3月，联合国水资源委员会就向世界发出警报："地球淡水资源的短缺将是人类社会未来一个非常严重的社会危机，这也是人类未来面对能源危机之后的又一个社会危机。"目前，世界上大多数国家面临着水资源严重缺乏的威胁，水资源的短缺让这些国家的经济、社会发展都面临着严峻考验。从最近统计数据来看，全球水资源大概为14亿立方千米，人类在对水资源的利用上，工业用水量大概占25%，农业用水量大概占70%。全球人口的急剧增长和生态

* 王海超（1982～），男，博士，重庆市科学技术研究院副研究员，主要研究领域：经济管理、生态经济。

环境的急速恶化，导致全球人均水资源拥有量每年正以惊人的速度减少。目前全球缺水型国家有100多个，严重缺水型国家有20多个，超过35%的人不能喝上安全卫生的淡水[①]。水资源紧缺正严重影响人类生存和社会的发展。

一 水资源问题将严重制约许多国家重大战略的实施

在人们一般的认识中，中国境内大江大河众多，湖泊星罗棋布，然而实际国情是中国是水资源紧缺的国家之一。一方面是中国人口众多而水资源相对较少。中国人口占世界总人口的22%，而淡水量仅占世界总淡水量的8%，人均占有量为2400立方千米。根据中国水资源统计报告分析发现，从21世纪初开始，中国就进入水资源危机阶段。中国目前缺水总量约为4000亿立方米，农业缺水量达3000亿立方米[②]。全国1.33亿公顷耕地中有42%的耕地为无灌溉条件的干旱地，每年有近1亿公顷草场缺水，有2亿多公顷农田受旱灾威胁。每年因受干旱影响，粮食产量减少1500万~2000万吨，因水资源紧缺，工业经济产值减少2000多亿元，全国还有近1亿人口出现饮水困难[③]。另一方面，中国水资源分布还存在时间、区域、人口不均的问题，以及不同地区经济发展程度不一样对淡水资源的需求也不一样等实际问题。所以中国部分地区，特别是北部沿海城市如大连、秦皇岛、天津、烟台、威海和青岛等地区存在严重的淡水危机。自20世纪80年代以来，中国的黄河几乎每年都会出现断流，且断流区域的频率、时间和范围每年还在不断扩大，给黄河流域的工业、农业经济发展带来巨大损失。

二 山东经济社会发展受水资源瓶颈影响非常明显

山东省是农业大省、粮食主产省，也是水资源严重短缺省份。全省每年人均水量为322立方米，农地亩均水量为263立方米，水资源紧缺程度几乎

---

① 王健民：《论水资源危机及防治对策》，《科技导报》1989年第5期。

② 杨显乾：《我国水资源的形势和利用初探》，《科技创新导报》2008年第5期。

③ 张向前、金式容：《我国水资源问题探析》，《洛阳师范学院学报》2001年第1期。

与世界上最缺水的以色列相当。2017 年山东省水资源统计公报显示：2017 年全省平均降水量比 2016 年少了 3.4%，比近 10 年的年平均降水量少了 6.4%，少雨枯水趋势逐年明显。从水资源的获取来源看，地表水资源获取量为 139.14 亿立方米，深层地下水资源获取量为 86.47 亿立方米；海水直接利用量为 59.03 亿立方米；全省大中型水库蓄水总量为 38.17 亿立方米，比 2017 年初蓄水总量 31.55 亿立方米增加了 6.62 亿立方米[①]。通过对地层水资源勘测发现，2017 年末与年初相比，全省平原区浅层地下水位存在明显的下降趋势，平均下降幅度达到 0.15 米，地下水蓄水量减少近 4.0 亿立方米。全省评价 282 个水功能区（17 个功能区全年河干），其中全参数评价年均水质类别为Ⅰ～Ⅲ类的功能区有 135 个，占 47.9%；水质类别为Ⅳ～Ⅴ类的功能区有 101 个，占 35.8%；水质类别为劣Ⅴ类的功能区有 46 个，占 16.3%[②]。

随着山东省水资源逐年枯竭趋势的加重，一方面，这直接影响到山东省社会经济的全面发展，严重制约着山东省的工业化、城市化进程；另一方面，由于经济的不断发展，城市化、工业化的逐步推进，境内社会经济发展对水资源的需求加速增加。在地表水供给严重有限的情况下，从对山东省最近几年供水来源的分析研究发现，山东省每年地下采水量正在逐年递增。而地下水资源过度开采的直接后果是土壤的干枯化，最后导致土壤的荒漠化甚至沙漠化，使土壤生态环境遭到根本性的破坏。土壤生态灾难的出现将给山东省经济社会发展带来灾难性的后果。

三　加强海洋水资源综合利用是最直接、最有效的战略选择

山东省是中国的海洋大省，海岸线占全国海岸线的 1/6。要突破山东省的水资源瓶颈，需要利用智慧和技术向大海要资源，充分开发海洋巨大水资源，减少淡水资源的开发，用新的思路和途径解决淡水危机。首先，如果山东省沿海城市直接开发利用海水，用海水代替淡水作为城市工业冷却水，将为山东省节省 80%～90% 的工业用淡水；如果在山东省沿海城市实行海水

① 雷放存、宋华岭、黄延萍：《山东水资源配置和谐性的模糊综合评价》，《山东工商学院学报》2017 年第 1 期。

② 杨风：《山东水资源可持续利用发展路径》，《水利发展研究》2015 年第 1 期。

冲厕，山东省城市生活用水量将下降到现有生活用水量的40% ~50%。这两个项目如果得到实施，必将大大减轻山东省淡水资源短缺的困境[①]。其次，大力发展海水淡化产业，可以使山东省沿海海岸线成为山东省的淡水补给线，这对山东省的长期稳定和发展来说，是一个战略保障。与此同时，通过发展海水淡化产业，可以提取海水中3%的化学资源，为山东省化工产业、材料产业发展提供原材料保障。品目繁多、储量巨大的各种矿产和化学资源的获取，将为山东省带来巨大的经济效益。在突破水资源瓶颈的同时又发展了经济，这对山东省来说无疑是一个双赢的决策。因此，在山东省实施海洋强省战略过程中，将海洋水资源产业发展放到一个战略的高度是非常必要的。

四　国内外海洋水资源综合利用的现状和问题

对于海洋水资源的开发利用，从目前世界各国的发展来看，主要有海水资源直接利用、海水化学资源提取和海水淡化。

海水直接利用主要是指海水代替淡水作为工业冷却水和海水冲厕。据统计，工业冷却水在工业用水中的比例高达70%，用量接近城市用水的一半。因此在发达国家，冷却水需求量大的行业大多分布在滨海地区，以便就地取用海水。以日本为例，1980年日本仅电力行业的冷却海水用量就达到1000亿立方米。利用海水进行冷却作业的最大难点在于解决冷却系统如何免遭海水腐蚀及海洋生物附着的问题。国外一般通过将特种材料用于直排式系统，辅以电化学保护的方式解决腐蚀问题。此种方式的防腐效果虽好，但考虑到采用钛材、铜镍合金、特种不锈钢及电化学工艺，成本高昂。至于海洋生物附着的问题，目前尚无有效解决办法。出于保护海洋生态安全的目的，具体操作中不得不采用机械刮轮定期清除的原始办法，传统的化学方法处理海洋生物附着已被禁止使用，如施加液氯和有毒涂料。美国和加拿大等国正沿着利用臭氧、γ射线以及生物防治技术的方向着手解决生物附着问题。此外，海水循环冷却技术已在国外获得推广，以美国的B. L. England发电站为例，循环使用冷却水不仅可以大大减少取水量和耗电量，还可以有效避免海体

① 杨耀中：《海水资源综合利用及产业化》，《海洋技术》1995年第1期。

污染①。

在海水冲厕的应用方面，当前香港海水冲厕比例已达到全部冲厕用水的 7 成，全年实现节约淡水上亿立方米。经过 30 多年的应用实践，香港在海水冲厕方面已形成一套完整的系统，在海水抽取、杀生、净化、设备管道防腐、输水管网、住宅冲厕系统、侧漏等环节都积累了很好的经验②。个别沿海地区（如大连市和天津塘沽）的个别单位也已开始进行海水冲厕的试验。

虽然在直接利用海水作为冷却水方面，中国很多沿海城市已积累了一定的实践经验，且已有 60 余年的历史，但仍存在明显不足，与发达国家的差距较大。目前中国利用海水进行冷却未能获得推广，取用量低，仅 60 亿立方米左右。造成该现象的原因主要有以下两点：首先，在中国计划经济体制下，使用海水所需的一次性投资要比淡水高，政策落地困难；其次，国内没有相关机构组织开展系统性研究，相关设计参数和规范无法获取，行业始终止步于经验应用阶段。近年来，国内已有机构重视此项研究工作。由于国内广泛采用昂贵的特种金属解决海水防腐问题并不现实，因此只能把研究重点放在别的方面，如通过添加价格适中的特种海水缓蚀剂、阻垢剂、杀生剂，实现在普通碳钢系统中，将浓缩 1 ~ 3 倍的海水循环冷却。该技术已取得突破性进展，并经动态试验获得成功，现正在筹备做深入的药剂试验。

目前世界各国都已对海水化学资源的提取开发开展研究，并取得不同程度的进展，从海水中提取钾、溴、镁、锂、铀等化学元素进行回收利用。以上提到的化学元素在海水中的浓度差极低，可用于工业化生产的领域仅限于海水制盐、海水提溴、海水制取镁砂，其他元素提取技术达不到工业生产要求。中国在 20 世纪 60 年代便实现了工业化“海水提溴”，并进行溴元素二次开发深加工，取得一定经济效益；同期对海水提钾和钾盐深加工的研究也取得显著成绩。但海水化学资源提取开发在快速发展的同时，也遇到许多实际性阻碍问题，比如在海水制盐后残余的母液苦卤，中国因为制作工艺落后，设备陈旧，存在能耗高、效率低、经济效益差的问题。而日本文理大学研发生产的一种高效吸附剂，可以使从海水中提取锂的成本比从陆矿中提取锂还要低，市场前景非常良好。

国外海水淡化产业从 20 世纪 40 年代开始研究发展，早在 20 世纪 70 年

① 杨耀中：《海水资源综合利用及产业化》，《海洋技术》1995 年第 1 期。

② 程宏伟、林里、刘德明：《香港应用海水冲厕工程综述》，《福建建筑》2010 年第 8 期。

代就形成了完整的海水淡化产业工业体系。在海水淡化技术上主要还是采用蒸馏淡化技术和反渗透淡化技术。1992 年国际脱盐协会（IDA）公布的截至 1991 年末的统计表明，全球 100 吨/日以上的脱盐装置总容量为 1623.6 万吨/日，其中中东地区占 54.9%，美国占 14.6%，欧洲占 9.0%，亚洲占 7.9%；从脱盐水的原水来源看，海水占 63.6%，地下苦卤水占 24.0%，其他类水占 12.4%；从目前全球海水资源的利用方向上看，工业发电用水占 5.5%，工业冷却用水占 24.9%，淡化生活饮用水占 61.8%；从海水淡化的工艺差别来看，解析淡化法约占 5.5%，蒸馏淡化法约占 59.7%，反渗透淡化法约占 32.9%。由于原水的不同，蒸馏淡化法约占 88.4%，反渗透淡化法约占 10.9%，反渗透法主要针对地下苦卤水脱盐（以上资料均引自 IDA1992 年脱盐装置统计报告）。此外，新型复合反渗透海水膜在海水淡化方面的使用越来越广。20 世纪 70 年代，蒸馏淡化将火力发电厂低压抽气作为基本热源进行蒸馏。这种操作使电厂蒸汽的能量得到充分利用，同时降低了淡化成本。反渗透淡化技术具有投资小、能耗低的优点，但需要严格的预处理，反渗透膜的使用寿命一般为 3～5 年。近年来新发展的 LT－WED 淡化技术，每立方米淡化水降低能耗 5.5 千瓦时，是目前最节能的海水淡化工艺。同时该淡化工艺低温（70 摄氏度左右）运行，有效控制了设备的腐蚀和结垢，使设备使用寿命大大延长①。

五　海水资源产业开发的技术储备、产业化趋势和市场需求

（一）海水直接利用技术发展现状和趋势及市场需求

1. 海水替代淡水作为工业冷却水所需的技术体系

一是适用于不同海水浓缩倍数下的高效环保缓蚀剂和阻垢分散剂的研制开发；二是在海水环境下碳钢等材料的腐蚀规律研究；三是活性离子的去极化研究；四是不同离子在碳钢等材料表面成膜的极化性能研究；五是关于海水温度、浓缩倍数与结垢内在关系等的研究。

2. 新型防止盐雾和盐沉积冷却塔的开发研制

新型冷却塔研发主要包括浓缩海水冷却塔建筑材料及金属结构构件防腐

① 杨耀中：《海水资源综合利用及产业化》，《海洋技术》1995 年第 1 期。

技术研究。海水冷却塔冷却性能的各种影响因素研究如正弦波脱水器、多功能盐析清除剂和特殊填料的研究开发。用于抵抗盐雾和盐沉积的自然通风和机械通风的新型冷却塔研制。

3. 绿色环保的防止海洋生物附着技术研究

中国近海主要污损生物的习性、种类、数量和附着季节等基础研究；开发水溶性生物导电涂料、无毒防污涂料、无毒杀菌剂，以及物理杀菌技术，如 γ 射线等。

4. 海水循环冷却试验场的建立

海水综合利用在从实验室试验到工业产业化孵化过程中，要充分考虑好实验技术与实际生产情况的应用衔接，结合实际对海水进行循环冷却的示范，检测其技术的实用性和可靠性，通过建立相对集中的海水厂，进行海水预处理，然后通过专门的管道系统将海水输送到工厂和用户。

海水冲厕的排污系统与原城市排污系统整合后，后续的二级污水生化处理可能需要做适应性调整。不过从香港的经验来看，整合后的影响不大，也可采取深海排污系统解决。考虑到山东省淡水紧缺，若海水冲厕得以推广，将带动一个新兴的产业群产生。

（二）海水淡化技术发展现状和趋势及市场需求

海水淡化技术种类日益增加。在实践中被认为行之有效的方法主要有蒸馏法、膜法和其他方法。蒸馏法包括多级闪蒸、压气体蒸馏、多效蒸馏等，膜法包括反渗透、电渗析等，其他方法包括冷冻结冰法、溶剂萃取和露点蒸发等脱盐淡水技术。其中反渗透占总产能的 65%，多级闪蒸占 21%，电去离子占 7%，电渗析占 3%，纳滤占 2%，其他占 2%。由于中国能源结构的特点，已商业化的海水淡化工程可以分为两种技术：热法和膜法。热法的优点有稳定、可靠、产品水质高，缺点是能耗较高；膜法技术虽然能耗较低、一次性投资小、操作弹性大，但缺点是在维护方面工作量大且成本高。海水淡化制水成本主要在于投资、运维和能耗三方面①。当前淡化技术不断提升，规模也在不断增长，使得淡化成本可降至 4 ~ 5 元/吨。以色列 Sorek 海水淡化成本最低，仅为 3. 6 元/吨。受技术选择、能源价格、维护成本等因素的影响，2017 年中国海水淡化工程产水成本为 7 ~ 8 元/吨，与国际水平

① 郑晓英、王翔：《三种主流的海水淡化工艺》，《净水技术》2016 年第 6 期。

还有较大差异。近年中国的电力工业发展迅速，在沿海地区所建电厂需要利用海水淡化来解决大量淡水问题，以缓解该地区的水资源短缺问题，这是山东省应该将注意力转向大规模海水淡化的现实基础。不仅如此，中小型海水淡化装置的应用场合也越来越广，比如沿海城市和岛屿、海上平台以及沙漠油田等。因此综合考虑来看，大规模海水淡化的项目采用热电结合低温多效蒸馏淡化技术比较科学，中小型海水淡化项目采用压力蒸汽蒸馏技术与反渗透海水淡化技术相结合的方式比较经济，新型脉冲调频交流电渗析海水淡化技术也有很广阔的市场前景①。

1. 蒸馏脱盐海水淡化技术

蒸馏脱盐海水淡化技术开发主要包括：高传热技术开发，主要研究传热壁两侧发生相变的高效传热过程，研发具有优异传热性能和耐海水腐蚀性的传热材料，在低温条件下有效传热；高效优质的液体喷雾分配器的开发、高真空条件下气体接触和密封配套装置开发、高速离心式蒸汽压缩机的技术开发、新型耐热海水泵的技术开发、高真空条件下的海水耐腐蚀技术设备的开发、耐海水腐蚀且具有良好的密封性能的阀门开发。同时为确保淡水的质量，还需要研究高效除盐器的开发、海水预处理技术和海水防腐防垢技术开发、海水深度脱氧技术开发、适用于蒸馏和脱盐的金属钝化技术和各种水处理剂的开发、小型压气式多效蒸馏海水淡化样机等技术的开发。

2. 反渗透海水淡化技术

反渗透海水淡化技术主要需要解决化学稳定性好、机械强度高、出水量大且高效的脱盐复合膜的研制问题；对于不同规格的反渗透组件，主要解决其耐腐蚀和耐高压泵的技术问题；对于小型淡化站的建造，主要需要研究预处理和后处理系统，以及淡化站自动控制系统和运行管理系统的设计。

3. 脉冲调频交流电渗析海水淡化技术

脉冲调频交流电渗析海水淡化是指在通电的情况下，海水中的阳离子通过阳离子交换膜向阴极方向迁移，海水中的阴离子通过阴离子交换膜向阳极方向迁移，海水中的盐溶解物的阴阳离子分别透过阴阳离子交换膜迁移到相邻的隔室中，从而实现阴阳隔室间的海水盐度降低，阴阳隔室中海水的盐浓度逐渐升高，从而实现海水中盐与水的分离，达到海水淡化的目的②。

---

① 刘容子：《海洋技术产业化的新领域及基本政策措施研究》，《海洋技术》1995 年第 4 期。

② 王浩歌、王小娟：《电渗析海水淡化技术研究进展》，《广东化工》2017 年第 20 期。

（三）脉冲调频交流电渗析海水淡化技术的优势及市场前景

1. 传统电渗析存在的问题

电渗析海水淡化技术与反渗透海水淡化技术相比，存在淡化水质差、能耗高、不能有效去除海水中有机物和细菌等缺点，且存在装置规模小、无法大量淡化等问题，而且离子交换膜的性能还不够完善。这些问题使得电渗析海水淡化技术在实际应用中推广受阻。

传统电渗析海水淡化技术均采用直流供电技术，电极之间会产生定向恒定磁场，磁场力将极化产生的污垢、浓水饱和析出的沉淀以及带电物质迁移到离子交换膜上，一段时间过后，膜表面电阻上升、透过率下降，导致能耗大大升高，产水效率随之下降，膜的使用寿命也缩短。

针对传统电渗析存在的能耗高、膜寿命短、电极钝化等问题，中科烟台产业技术研究院开发了一套脉冲调频交流电渗析海水淡化装备，通过采用自主研发的交流供电技术，大大降低了脱盐过程的能耗，同时在膜表面产生类震荡波达到清洁膜的功效，有效缓解膜堵，维持稳定的出水率，延长膜的使用寿命，大幅降低电渗析海水淡化的运行成本和维护成本。产研院已研制出 5 吨/小时的脉冲调频交流电渗析海水淡化装备，海水淡化的能耗约 4 千瓦～8 千瓦/吨，综合处理成本约 5～10 元/吨。

2. 脉冲调频交流电渗析海水淡化技术的市场前景

（1）海水淡化产业市场需求前景广阔

随着以清洁低碳为特征的新一轮“节流开源”蓬勃兴起，海水淡化将成为今后中国水资源利用的主要形式。受政策环境改善、淡水资源成本越来越高、海水淡化成本下降等多种因素推动，海水淡化产业市场需求必将继续扩大。最近几年，中国海水淡化设备投资规模也不断增长。前瞻产业研究院《2018—2023 年中国海水淡化产业深度调研与投资战略规划分析报告》数据显示，2016 年中国海水淡化设备市场投资规模为 123.5 亿元，2017 年上半年海水淡化设备市场投资规模为 67.0 亿元。

（2）海水淡化产能未来将快速增强

随着海水淡化技术的不断创新，海水淡化规模和淡化能力不断扩大和增强，海水淡化产业也使中国沿海地区淡水供给保障能力逐渐加强。从 2016 年底国家水资源统计数据报告发现，2016 年中国海水综合利用产业实现增加值超过 14.85 亿元，比 2015 年增长 7.4%，中国海水综合利用产业保持较

高速的增长。根据国家发改委和国家海洋局《全国海水利用“十三五”规划》，中国海水淡化总规模在2020年将达到220万吨/日以上，2023年将达到285万吨/日。由此可见中国海水淡化产业在未来5年乃至更长的时期内，整体产业链将保持一个较高的速度稳定增长。

（3）沿海城市和海岛将成为海水淡化规划重点区域

中国北方属于严重缺水地区，山东省以北沿海城市和沿海地区经济文化发展受到水资源紧缺的严重困扰，这些城市和地区对海水淡化有需求也有条件。与此同时，海岛的开发利用也提上中国海洋资源开发的重要议程。在海岛开发中，淡水的缺乏是主要制约因素。在中国，面积大于500平方米的有居民海岛489个，目前几乎所有的海岛都面临淡水资源紧缺的困境。国家发改委和国家海洋局2017年联合印发了《海岛海水淡化工程实施方案》。根据方案，中国未来将在辽宁、山东、浙江、福建、海南等沿海省（自治区、直辖市）重点推进海岛海水淡化工程建设。规划到2020年，严重缺水海岛地区主要供水通过海水淡化的方式解决。

六　对推进山东省海水资源产业化的几点建议

通过对过去山东省在重大海洋产业项目上的发展经验进行总结分析发现，政府有效的政策缺位和缺乏资本平台的支撑，最后导致很多规划和构想可望而不可即。鉴于此，笔者对推进山东海水资源产业化有如下几点建议。

一是结合山东省海洋强省战略的实施和山东省经略海洋的总体部署，以及山东省淡水资源紧缺的基本省情，严格控制淡水资源尤其是地下水资源的开采。通过市场价格体系的调控，为海水资源的直接利用和海水淡化产业的发展提供具有比较优势的发展环境。

二是海水资源直接利用和产业发展，目前来看技术已经不是关键问题，关键问题是缺乏政府的重视、组织和政策引导，政府对山东省水资源问题缺乏一个战略性、系统性的解决方案。因此，山东省委、省政府就水资源供给瓶颈问题尽快拿出一个系统的解决方案和相应政策变得非常重要和紧迫。

三是从山东省环境资源和生态保护的高度，将海水资源综合利用实施方案、具体落实部门、财税政策、产业发展资金平台的建设等纳入山东省沿海地区的城市发展规划中去，通过市场的价格杠杆促进海水综合利用产业的发展。

四是海水资源产业的培育和发展壮大是长期战略性工程，是山东省乃至中国发展长期利益和短期利益的考量，山东省主要领导和相关部门需要长期狠抓落实，山东省发改委、财政厅、自然资源厅等相关部门需要联合协调、共同实施、统一指导。

Water Resource Bottleneck and Seawater Resources Industry Development in Shandong

Wang Haichao

(*Chongqing Academy of Science and Technology, Chongqing, 401123, P. R. China*)

Abstract: Freshwater resources are one of the most scarce resources for human society in the future. China is a country with a relatively scarce population of water resources. The shortage of water resources will seriously restrict the country's development. Shandong is a coastal province with large water resources shortage and a large population province. The shortage of water resources has brought enormous challenges to the comprehensive economic and social development of Shandong. On the one hand, it directly restricts the process of industrialization and urbanization in Shandong. On the other hand, the over-exploitation of groundwater resources may lead to desertification and desertification of the soil, which will bring serious ecological and environmental disasters to Shandong. The comprehensive development of marine water resources is the most direct and effective strategic choice for Shandong to break through water resources bottlenecks. The improvement of science and technology and the expansion of market demand have made the overall industrial chain of seawater desalination maintain steady growth at medium speed. The desalination industry is expected to become an important choice for solving the shortage of water resources in coastal areas with scarce water resources in China.

Keywords: Planning Ocean; Resource Bottleneck; Fresh Water Resources; Sea Water Resources; Seawater Industry

（责任编辑：孙吉亭）

中国沿海省（自治区、直辖市）发展远洋渔业的动因

陈 晔 黄 婷 蒋 羽*

摘 要　远洋渔业对保护国家食物安全、保障国内优质水产品供应、维护国家海洋权益、促进国际渔业合作等具有重要意义。作为战略性产业，远洋渔业是“海洋强国”建设和“一带一路”倡议的重要组成部分。中国远洋渔业始于1985年，随后得到蓬勃发展。本文通过对中国12个省（自治区、直辖市）远洋渔业发展状况的分析研究，发现远洋渔业能力是发展远洋渔业的根本动力。进一步发展中国远洋渔业，应该从渔业科学技术入手，加强陆海统筹，对海洋养殖业和远洋渔业进行合理布局。传统的远洋渔业资源和市场“两头”在外，远洋渔业企业应该做好国内外市场的联动。

关键词　远洋渔业　作业海域　国内外市场　国际渔业合作　海洋权益

引 言

远洋渔业是指本国公民、法人或其他组织到公海或其他国家管辖海域从事捕捞以及配套的加工、补给、运输等活动，根据作业海域，分大洋性渔业

* 陈晔（1983～），男，博士，上海海洋大学经济管理学院讲师，主要研究领域：海洋经济及文化。黄婷（1996～），女，上海海洋大学经济管理学院2014级本科生，主要研究领域：国际贸易。蒋羽（1984～），男，洋山海关物流监控六科副科长，主要研究领域：进境动物源性食品口岸检验检疫。

和过洋性渔业，具有产业关联性强、进入壁垒高、风险大、涉外性等特点[①]。远洋渔业对保护国家食物安全、保障国内优质水产品供应、维护国家海洋权益、促进国际渔业合作等具有重要意义。作为战略性产业，远洋渔业是“海洋强国”建设和“一带一路”倡议的重要组成部分。

1985年3月10日，中国远洋渔业事业正式起步，经过30多年发展，取得了长足进步。1989年3月，远洋渔业被国家列为重点扶持发展产业。1990年7月，时任国务院总理李鹏在全国副食品工作会议上，高度重视发展远洋渔业，指出“要大力发展远洋捕捞”。由此，远洋渔业发展迎来良好机遇[②]。在2015年3月30日举行的中国远洋渔业30年座谈会上，时任国务院副总理汪洋指出：中国远洋渔业在丰富水产品供给、促进渔民增收、推动农业国际交流和合作、促进农产品贸易、维护国家海洋权益等方面，取得举世瞩目成就，做出重要贡献[③]。

顺应国家发展远洋渔业的号召，中国沿海省份[④]都积极发展远洋渔业。有学者指出，鼓励远洋渔业发展是中国应对近海渔业资源枯竭、合理利用世界渔业资源以及改善国民膳食结构的重要举措[⑤]。发展中国远洋渔业的动因甚多，本文主要从省级层面对中国发展远洋渔业的动因进行研究。

一　国内远洋渔业研究概况

中国远洋渔业的研究始于20世纪70年代末期[⑥]，最初的研究集中探讨中国远洋渔业发展潜力，以及介绍其他国家或地区远洋渔业发展经验等，为中国发展远洋渔业提供信息储备和智力支持。随着中国远洋渔业的起步和快

---

① 秦宏、孟繁宇：《我国远洋渔业产业发展的影响因素研究——基于修正的钻石模型》，《经济问题》2015年第9期。

② 国小雨：《中国远洋渔业发展现状及趋势研究》，《海洋经济》2013年第3期。

③ 本刊讯：《国务院副总理汪洋在中国远洋渔业30年座谈会上强调：转变远洋渔业发展方式向远洋渔业强国迈进》，《中国水产》2015年第4期。

④ 北京市虽非沿海省份，但亦有远洋渔业产业，如北京水产有限责任公司在蓬莱投资成立的烟台京远渔业有限公司。该公司为中国内陆城市唯一具有农业农村部认定的远洋渔业企业资格的公司。

⑤ 刘芳、于会娟：《关于我国远洋渔业海外基地建设的思考》，《中国渔业经济》2017年第2期。

⑥ 沈惠民：《关于发展我国远洋渔业的意见》，《水产科技情报》1979年第5期。

速发展，研究重心逐渐转移至跟踪中国远洋渔业发展现状，为中国远洋渔业发展提供政策建议上。20 世纪 90 年代后期，由于国际海洋管理制度以及全球范围内渔业资源情况的变化，远洋渔业可持续发展等问题成为关注重点。

近年来，随着中国远洋渔业事业不断发展，相关研究空前活跃，研究内容愈加深入①。韦有周等学者指出中国远洋渔业作业范围，与“海上丝绸之路”建设的方向契合，在能力、空间、国际合作等方面已具有快速发展的良好基础②。秦宏、孟繁宇借鉴波特钻石模型，从生产要素、需求条件、产业体系、政府、国际要素等角度对影响中国远洋渔业发展的因素进行分析③。张衡等认为中国远洋渔业尚未摆脱大而不强的窘境，科技水平、船员综合素质、经营管理水平等方面与远洋渔业强国还存在一定差距④。岳冬冬等从产业规模、结构、扶持政策等方面对中国远洋渔业产业发展现状进行分析，指出中国远洋渔业面临的突出约束为捕捞能力布局与渔场资源、国际消费市场依存度与经济效益、产业组织化程度与远洋渔业强国目标三大不协调⑤。除了全国性研究外，还有一些地区研究，如刘勤等的《上海远洋渔业发展的 SWOT - PEST 分析》⑥ 和涂德贤等的《舟山远洋渔业发展状况及其对策研究》 等⑦。

从目前的研究现状看，主要集中在全国层面和城市层面，省级层面的研究较少；从研究方法而言，以定性研究居多，定量研究较少。目前尚无专门的学术论文对中国发展远洋渔业的动因进行定量分析。本文利用省级层面的数据，对中国沿海省份发展远洋渔业的动因进行定量研究。

---

① 刘芳、于会娟：《关于我国远洋渔业海外基地建设的思考》，《中国渔业经济》2017 年第 2 期。

② 韦有周、赵锐、林香红：《建设“海上丝绸之路”背景下我国远洋渔业发展路径研究》，《现代经济探讨》2014 年第 7 期。

③ 秦宏、孟繁宇：《我国远洋渔业产业发展的影响因素研究——基于修正的钻石模型》，《经济问题》2015 年第 9 期。

④ 张衡、唐峰华、程家骅等：《我国远洋渔业现状与发展思考》，《中国渔业经济》2015 年第 5 期。

⑤ 岳冬冬、王鲁民、黄洪亮等：《我国远洋渔业发展对策研究》，《中国农业科技导报》2016 年第 2 期。

⑥ 刘勤、杜冰、周雨思：《上海远洋渔业发展的 SWOT - PEST 分析》，《中国渔业经济》2011 年第 2 期。

⑦ 涂德贤、苗振清、俞存根等：《舟山远洋渔业发展状况及其对策研究》，《浙江海洋学院学报》（自然科学版）2015 年第 1 期。

二 中国远洋渔业发展现状

中国第一支远洋船队，于 1985 年 3 月 10 日从福建马尾出发，赴西非海域从事远洋捕捞作业，并与几内亚比绍、塞拉利昂、塞内加尔等国开展渔业合作。从那以后，中国远洋渔业得到迅速发展。据统计，2016 年全国获得农业部远洋渔业企业资格的企业共 161 家，远洋捕捞产量达 1987512 吨；经批准作业渔船 2571 艘，其中新建投产渔船 88 艘；主机功率 240 万千瓦，总吨位 140 万吨。外派船员近 4.9 万人，其中外籍船员 1.4 万人①（见图 1、表 1）。

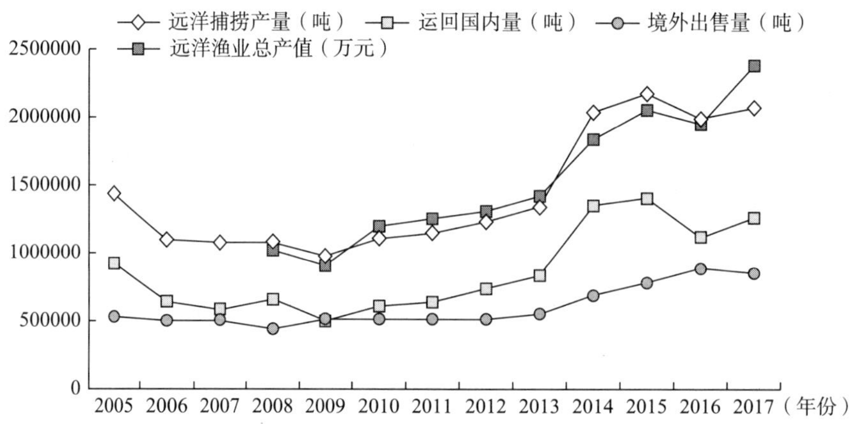

图 1 2005 ~ 2017 年全国远洋渔业发展状况

资料来源：2006 ~ 2018 年发布的《中国渔业统计年鉴》。

表 1 2005 ~ 2017 年全国远洋渔业发展状况

年份	远洋捕捞产量（吨）	运回国内量（吨）	境外出售量（吨）	远洋渔业总产值（万元）
2005	1438084	921802	516282	—
2006	1090663	608435	482228	—
2007	1075151	585540	487422	—
2008	1083309	626069	457240	1011606
2009	977226	479413	497813	917114
2010	1116358	605344	511014	1191511
2011	1147809	634013	513796	1257809
2012	1223441	722406	501035	1320900

① 农业部渔业渔政管理局：《2017 中国渔业统计年鉴》，中国农业出版社，2017，第 6 页。

续表

年份	远洋捕捞产量（吨）	运回国内量（吨）	境外出售量（吨）	远洋渔业总产值（万元）
2013	1351978	809446	542532	1431242
2014	2027318	1343327	683991	1848556
2015	2192000	1406158	785842	2065000
2016	1987512	1103772	883740	1955381
2017	2086200	1236247	849953	2357800

资料来源：2006～2018 年发布的《中国渔业统计年鉴》。

在国家政策积极的推进下，中国各沿海省份都积极发展远洋渔业。以2017 年为例，远洋捕捞产量最高的三个省份，分别为浙江、山东和福建；总产值最高的三个省份，分别为浙江、福建和山东；运回国内量最高的三个省份，分别为山东、福建和辽宁；境外出售量最高的三个省份，分别为浙江、山东和福建（见表 2）。

表 2　2017 年中国沿海省份远洋渔业发展情况

省（自治区、直辖市）	总产量（吨）	总产值（万元）	运回国内量（吨）	境外出售量（吨）
北京	9000	8334	666	10500
天津	11900	8726	3174	10400
河北	48200	2762	45438	13300
辽宁	285400	104136	181264	271200
上海	129900	78384	51516	170700
江苏	26200	14332	11868	27200
浙江	467900	443339	24561	568600
福建	428200	219929	208271	328200
山东	431300	209749	221551	528300
广东	47700	20924	26776	90800
广西	8900	269	8631	10400
海南	—	—	—	—
中农发集团	191600	125363	66237	328200
全国总计	2086200	1236247	849953	2357800

资料来源：农业农村部渔业渔政管理局等编制《中国渔业统计年鉴 2018》，中国农业出版社，2018，第 46 页。

三　模型与数据

中国沿海省份远洋渔业发展受到内部和外部因素影响。海水养殖情况、海洋捕捞业状况以及远洋渔业能力等都会影响地区远洋渔业的发展。

（一）模型假定

需求和供给两方面共同影响中国沿海省份远洋渔业的发展。需求方面可用该地区经济发展总量即GDP与人均经济发展水平即人均GDP来衡量，经济越是发达的地区，对水产品的需求量越大，发展远洋渔业的迫切性也越大。假设1：经济越是发达的省（自治区、直辖市），远洋渔业越发达。同为水产品，海水养殖与远洋渔业之间存在较强的替代关系。假设2：海水养殖业越发达的省（自治区、直辖市），远洋渔业产量越低。远洋渔业供给受到生产力制约，沿海省份的远洋渔业生产能力决定其远洋渔业发展。从海洋捕捞增加值，海洋机动捕捞渔船年末的船只数、总吨位以及总功率等方面对远洋渔业生产能力进行衡量。假设3：海洋捕捞业越发达的省（自治区、直辖市），远洋渔业产量也越高。

（二）数据来源

对2005～2015年全国12个沿海省区市的远洋渔业发展情况进行分析。基础数据来自历年《中国渔业统计年鉴》和国家统计局网站，包括：远洋捕捞产量（单位：吨）、运回国内量（单位：吨）、境外出售量（单位：吨）、海水养殖增加值（单位：万元）、海洋捕捞增加值（单位：万元）、经济总量即GDP（单位：亿元）、人均经济发展水平即人均GDP（单位：元/人）、海洋机动捕捞渔船年末拥有量（单位：艘）、海洋机动捕捞渔船年末拥有量（单位：总吨）、海洋机动捕捞渔船年末拥有量（单位：千瓦）、远洋渔船年末拥有量（单位：艘）和远洋渔船基本情况（单位：千瓦）。

四　远洋渔业产量分析

为了更好地研究中国各沿海省份远洋渔业的发展动因，分别对中国远洋捕捞产量、运回国内量以及境外出售量的情况进行面板数据回归（见表3、表4、表5）。

（一）远洋捕捞产量

回归模型：

$$远洋捕捞产量_{it} = \beta_1 海水养殖增加值_{it} + \beta_2 海洋捕捞增加值_{it} + \beta_3 经济总量_{it} + \beta_4 人均经济发展水平_{it} + \beta_5 海洋机动捕捞渔船年末拥有量(艘)_{it} + \beta_6 海洋机动捕捞渔船年末拥有量(总吨)_{it} + \beta_7 海洋机动捕捞渔船年末拥有量(千瓦)_{it} + \beta_8 远洋渔船年末拥有量(艘)_{it} + \beta_9 远洋渔船基本情况(千瓦)_{it} + \varepsilon_{it}$$

表 3　远洋捕捞产量的影响因素

变量	模型（1）	模型（2）	模型（3）	模型（4）	模型（5）
海水养殖增加值	-0.0020 (0.0024)		-0.0031 (0.0023)	-0.0022 (0.0024)	-0.0021 (0.0024)
海洋捕捞增加值		0.0788** (0.0192)	0.0865** (0.0192)	0.0851** (0.0198)	0.0862** (0.0198)
经济总量			0.0190 (0.6484)	-0.3648 (0.4586)	-0.5109 (0.4482)
人均经济发展水平			-0.2656 (0.3563)		
海洋机动捕捞渔船年末拥有量（艘）	0.0092 (0.0110)	0.0107 (0.0103)	0.0041 (0.0103)	0.0100 (0.0104)	
海洋机动捕捞渔船年末拥有量（总吨）			-0.0438** (0.0139)		
海洋机动捕捞渔船年末拥有量（千瓦）	0.0610** (0.0105)	0.0403** (0.0109)	0.0292** (0.0112)	0.0400** (0.0109)	0.0282** (0.0074)
远洋渔船年末拥有量（艘）	0.0623 (0.0694)	0.0615 (0.0646)	-0.0976 (0.0781)	0.0474 (0.0652)	
远洋渔船基本情况（千瓦）	0.5271** (0.0475)	0.3906** (0.0545)	0.4912** (0.0601)	0.3990** (0.0549)	0.3926** (0.0547)
常数	-11321.25 (13369.67)	-36712.84** (13753.50)	1491.315 (17795.13)	-30526.14** (15182.91)	-13812.06* (10080.78)
固定效应					

注：括号内为标准误，** 表示在 5% 的水平上显著，* 表示在 10% 的水平上显著。

从以上的计算可得，从需求方面而言，所在省（自治区、直辖市）的经济发展水平以及海水养殖情况，在统计上对该省（自治区、直辖市）远洋渔业发展的影响有限。比较极端的例子为北京市，北京市虽为内陆城市，但是通过投资等方式，在远洋渔业领域亦有一定发展。远洋捕捞产量主要受到远洋捕捞能力的影响，在不同的回归模型中，远洋渔船总功率［即海洋机动捕捞渔船年末拥有量（千瓦）和远洋渔船基本情况（千瓦）］的影响都显著，而捕捞渔船总数量未通过显著性检验，说明远洋渔业对于渔船的吨位等要求较高，体现出远洋渔业进入壁垒高的特征。

（二）运回国内量

回归模型：

$$运回国内量_{it} = \beta_1 海水养殖增加值_{it} + \beta_2 海洋捕捞增加值_{it} + \beta_3 经济总量_{it} + \beta_4 人均经济发展水平_{it} + \beta_5 海洋机动捕捞渔船年末拥有量(艘)_{it} + \beta_6 海洋机动捕捞渔船年末拥有量(总吨)_{it} + \beta_7 海洋机动捕捞渔船年末拥有量(千瓦)_{it} + \beta_8 远洋渔船年末拥有量(艘)_{it} + \beta_9 远洋渔船基本情况(千瓦)_{it} + \varepsilon_{it}$$

表 4　运回国内量的影响因素

变量	模型（1）	模型（2）	模型（3）	模型（4）	模型（5）
海水养殖增加值	-0.0024 (0.0022)		-0.0029 (0.0022)	-0.0025 (0.0022)	-0.0026 (0.0024)
海洋捕捞增加值		0.0703** (0.0173)	0.0778** (0.0178)	0.0773** (0.0178)	0.1291** (0.0169)
经济总量			-0.2868 (0.5997)	-0.4069 (0.4122)	-0.2203 (0.4449)
人均经济发展水平			-0.0774 (0.3295)		
海洋机动捕捞渔船年末拥有量（艘）	0.0002 (0.0099)	0.0014 (0.0093)	-0.0028 (0.0095)	0.0007 (0.0094)	
海洋机动捕捞渔船年末拥有量（总吨）			-0.0248* (0.0128)		
海洋机动捕捞渔船年末拥有量（千瓦）	0.0477** (0.0094)	0.0289** (0.0099)	0.0223** (0.0103)	0.0286** (0.0098)	-0.0003 (0.0064)
远洋渔船年末拥有量（艘）	0.1106* (0.0624)	0.1118* (0.0584)	0.0137 (0.0722)	0.0961 (0.0586)	
远洋渔船基本情况（千瓦）	0.3851** (0.0427)	0.2616** (0.0492)	0.3224** (0.0556)	0.2711** (0.0493)	
常数	-22083.43* (12032.45)	-45152.26** (12428.14)	-21059.81 (16458.45)	-38247.81** (13645.77)	-23553.85** (10110.42)
固定效应					

注：括号内为标准误，** 表示在 5% 的水平上显著，* 表示在 10% 的水平上显著。

从以上的计算可得，与远洋捕捞产量相比，在影响运回国内量的情况中，除了远洋渔船总功率都显著外，远洋渔船的数量也产生影响，可能是由用于运回国内的船只对功率等要求相对较低导致。另外，经济总量和人均经济发展水平都未通过显著性检验，可能是由国内水产品市场较统一，远洋渔业企业所在地与水产品的销售地分离所致。

（三）境外出售量

回归模型

$$境外出售量_{it} = \beta_1 海水养殖增加值_{it} + \beta_2 海洋捕捞增加值_{it} + \beta_3 经济总量_{it} + \beta_4 人均经济发展水平_{it} + \beta_5 海洋机动捕捞渔船年末拥有量(艘)_{it} + \beta_6 海洋机动捕捞渔船年末拥有量(总吨)_{it} + \beta_7 海洋机动捕捞渔船年末拥有量(千瓦)_{it} + \beta_8 远洋渔船年末拥有量(艘)_{it} + \beta_9 远洋渔船基本情况(千瓦)_{it} + \varepsilon_{it}$$

表 5　境外出售量的影响因素

变量	模型（1）	模型（2）	模型（3）	模型（4）	模型（5）
海水养殖增加值	0.0005 (0.0010)		-0.0002 (0.0010)	0.0002 (0.0011)	0.0005 (0.0012)
海洋捕捞增加值		0.0179 (0.0084)	0.0181** (0.0084)	0.0171* (0.0088)	0.0404** (0.0084)
经济总量			0.3111 (0.2848)	0.0516 (0.2038)	0.1743 (0.2209)
人均经济发展水平			-0.1840 (0.1565)		
海洋机动捕捞渔船年末拥有量（艘）	0.0094** (0.0046)	0.0099 (0.0045)	0.0073 (0.0045)	0.0100** (0.0046)	
海洋机动捕捞渔船年末拥有量（总吨）			-0.0211** (0.0061)		
海洋机动捕捞渔船年末拥有量（千瓦）	0.0124** (0.0044)	0.0080 (0.0048)	0.0029 (0.0049)	0.0080 (0.0049)	-0.0012 (0.0032)
远洋渔船年末拥有量（艘）	-0.0506* (0.0291)	-0.0536 (0.0285)	-0.1215** (0.0343)	-0.0518* (0.0290)	
远洋渔船基本情况（千瓦）	0.1534** (0.0199)	0.1248 (0.0240)	0.1687** (0.0264)	0.1237** (0.024)	
常数	9575.646* (5611.437)	4424.701 (6054.835)	19712.89** (7815.790)	3576.788 (6746.405)	5001.402 (5020.042)
固定效应					

注：括号内为标准误，** 表示在 5% 的水平上显著，* 表示在 10% 的水平上显著。

从以上的计算结果可得，与前两种情况相比，在影响境外出售量的情况中，海洋捕捞增加值和远洋渔船总功率，通过显著性检验。各沿海省份的经济发展情况以及海水养殖因素等，并未通过显著性检验。远洋渔业属于资源和市场“两头”在外的产业，国际市场对该产业的影响要大于国内市场对其的影响。

五 结论

本文对 2005 ~ 2017 年全国 12 个沿海省区市远洋渔业发展状况进行分析研究，以海水养殖增加值、海洋捕捞增加值、经济总量、人均经济发展水平、海洋机动捕捞渔船年末拥有量（艘）、海洋机动捕捞渔船年末拥有量（总吨）、海洋机动捕捞渔船年末拥有量（千瓦）、远洋渔船年末拥有量（艘）和远洋渔船基本情况（千瓦）为变量，分别对远洋捕捞产量、运回国内量以及境外出售量三种情况，进行面板分析。

回归分析中发现，远洋捕捞量和远洋渔船总功率等影响均显著，由此可知远洋渔业科技能力是发展远洋渔业的重要影响因素，发展远洋渔业应该首先从提高远洋渔业科学技术水平入手。此外，经济发展水平和海水养殖状况，对远洋渔业发展的影响并不显著，说明中国远洋渔业产业仍然处于资源和市场“两头”在外的状态。近年来，随着国内居民生活水平的进一步提升，国内市场才开始受到关注。在水产品总量中，运回国内的比例有所增加，远洋渔业为稳定水产品价格、保护国家食物安全、保障国内优质水产品供应、维护国家海洋权益、促进国际渔业合作等做出重要贡献①。远洋渔业企业应该做好国内外市场的联动，更好地协调国内外的资源和市场。

The Analysis about the Driving Force of Deep Waters Fishing along Chinese Coastal Provinces

Chen Ye[1], *Huang Ting*[1], *Jiang Yu*[2]

(*1. College of Economics & Management, Shanghai Ocean University, Shanghai, 201306, P. R. China; 2. Yangshan Customs, Shanghai, 201308, P. R. China*)

Abstract: Deep Waters Fishing is a strategic industry. It is an important part of “Sea Power Nation” and “the Belt and Road Initiative”. It plays an im-

① 乐家华、陈新军、王伟江：《中国远洋渔业发展现状与趋势》，《世界农业》2016 年第 7 期。

portant role in safeguarding domestic supply of high quality aquatic products, protecting national food safety, promoting international fishery cooperation, and safeguarding national maritime rights and interests. Chinese deep waters fishing started in 1985. With the introduction of a series of encouraging policies and measures, the industry has been booming. Through the study on the development of deep waters fishing in 12 coastal provinces and cities, it was found that the oceanic fishing ability determined deep waters fishing. The advance in the fishing technology is key to deep waters fishing. Enhancing land and sea cooperation, promoting ocean aquaculture and scientific developing of deep waters are also important. Both the resources and market of deep waters fishing are abroad, the linkage between domestic and foreign markets should be emphasized.

Keywords: Deep Waters Fishing; Fishing Sea Area; International and Domestic Market; International Fisheries Cooperation; Maritime Rights and Interests

（责任编辑：王苧萱）

山东省海洋高新技术企业发展*

郭文波　李　彬　李　磊**

摘　要　海洋高新技术企业是海洋经济的核心优势企业和发展海洋高新技术产业的重要载体，对支撑产业技术创新、促进海洋产业结构调整和加快海洋经济高质量发展起着关键性作用。本文依据海洋产业有关标准，梳理汇总2015～2017年山东省主要海洋产业高新技术企业的基本情况，研究发现山东省海洋高新技术产业集聚发展趋势明显，海陆统筹特征较为显著，但高新技术企业的自主创新能力、成果转化能力等仍有待提升，在此基础上提出在海洋强省背景下山东省海洋高新技术企业发展的对策建议，例如提升现代海洋产业科技供给，布局建设海洋特色科技园区。

关键词　海洋高新技术企业　海洋强省　海洋经济　科技成果转化　产业结构调整

以习近平同志为核心的党中央对山东海洋发展寄予厚望。山东省委、省政府按照习近平总书记重要指示精神，正在举全省之力加快建设海洋强省。海洋强省战略的提出，标志着山东省海洋经济发展进入新阶段，战略的核心就是要依靠海洋科技的进步推动海洋传统产业变革，带动新技术、新能源、

---

* 本文为山东省重点研发计划（软科学研究）项目“海洋强省建设背景下的海洋高新技术企业创新发展研究”（项目编号：2018RKF01006）和“关于建设山东海洋科技创新中心、提升区域创新能力的研究”（项目编号：2017RKF01007）的阶段性成果。

** 郭文波（1981～），男，博士，青岛国家海洋科学研究中心助理研究员，主要研究领域：科技创新、科技管理。李彬（1982～），男，博士，青岛国家海洋科学研究中心副研究员，主要研究领域：海洋经济、科技创新，通讯作者。李磊（1982～），男，博士，青岛国家海洋科学研究中心助理研究员，主要研究领域：科技管理、科技创新。

新材料的大规模开发应用，为海洋发展开辟新领域、新战场，加快发展高值、绿色、智能的海洋产业，优化升级海洋产业结构。

海洋高新技术产业是海洋开发利用过程中科技含量高度密集的经济活动，是科技引领海洋经济发展的主战场。海洋高新技术企业作为现代海洋经济的核心优势企业和发展海洋高新技术产业的重要载体，是培育壮大区域海洋经济核心竞争力的关键，对支撑产业技术创新、促进海洋产业结构调整和实现海洋经济高质量发展起着举足轻重的作用。

引　言

随着1994年全国科技兴海规划的出台，中国海洋高新技术产业发展进入全面快速发展阶段，在《中国海洋二十一世纪议程》、863计划等国家战略的推动下，海洋高新技术产业已成为各沿海地区海洋经济发展的重点领域①。围绕中国的海洋高新技术产业发展，李长如、王震和李宜良分析指出海洋高新技术对产业结构优化和产业升级有明显的拉动作用，但存在科技成果转化不畅、海洋高新技术人才缺乏的瓶颈②；刘大海、李晓璇等通过信号博弈对中国海洋高新技术成果转化进行了分析，提出政府应加强对海洋科技公共服务的投入，优化配置海洋科技资源③；宋军继分别对中国各地区海洋高新技术产业和美国海洋高新技术产业的发展模式进行了总结，提出产业发展模式的选择受资源禀赋、科技实力、政策导向、生产力发展水平等因素的影响，认为发展的关键在于保持自身在海洋高新技术领域的技术和人才领先地位④；张剑、隋艳晖等以及张玉强、孙鹤峰分别就海洋高新技术产业示范区⑤和海洋高新技术产业园区⑥的规划、发展进行了总结梳理，提出应遵循

① 王继业：《海洋高新技术及产业的现状分析》，《科学与管理》2001年第5期。

② 李长如、王震、李宜良：《高新技术对我国海洋经济的拉动力分析》，《海洋信息》2008年第3期。

③ 刘大海、李晓璇、马雪健等：《基于信号博弈的我国海洋高新技术转化机制研究》，《科技和产业》2016年第4期。

④ 宋军继：《国内海洋高新技术产业发展模式优化研究》，《山东社会科学》2013年第4期。宋军继：《美国海洋高新技术产业发展经验及启示》，《东岳论丛》2013年第4期。

⑤ 张剑、隋艳晖、于海等：《我国海洋高新技术产业示范区规划探究——基于供给侧结构性改革视角》，《经济问题》2018年第6期。

⑥ 张玉强、孙鹤峰：《我国海洋高新技术产业园区建设探索与发展研究》，《海洋开发与管理》2015年第11期。

的主要原则；针对山东省海洋高新技术产业的发展，姜艳艳从经济、社会和生态三个方面，提出山东省海洋高新技术产业发展的战略目标，以及相应的产业发展策略[①]。上述研究主要从海洋高新技术产业发展的宏观视角进行分析，缺乏从海洋高新技术产业发展微观主体——海洋高新技术企业的角度入手，以剖析产业发展的特征、趋势和问题。本文将通过梳理山东省海洋高新技术企业的底数实情，提出在海洋强省背景下山东省海洋高新技术企业发展的对策建议，为加快实现海洋强省建设发展和相关政策制定提供参考。

一　山东省海洋高新技术企业基本情况

本文依据《海洋及相关产业分类（第一次全国海洋经济调查用）》《海洋高技术产品分类（HY/T162－2013）》《海洋高技术产业分类（HY/T130－2010）》等标准，对山东省 2015～2017 年 6300 余家高新技术企业经营范围和相关信息开展有效筛查，汇总主要海洋产业和各市海洋高新技术企业情况。高新技术企业名单来自科技部火炬高技术产业开发中心网站，经营范围来自国家企业信用信息公示系统。

据统计，2015～2017 年，山东省主要海洋产业高新技术企业共有 488 家，占同时期全省高新技术企业数量的 7.8%，与 2022 年达到 700 家的建设目标还有一定差距。

从产业分类来看，传统海洋产业高新技术企业 97 家，占山东省全部海洋高新技术企业的 19.9%，主要分布在港口建设、海洋渔业、海洋食品等领域；新兴海洋产业高新技术企业 276 家，占山东省全部海洋高新技术企业的 56.6%，主要分布在海洋高端装备制造、海洋生物医药、海水淡化及综合利用、海洋新能源新材料、海洋环保和涉海高端服务等领域；其他产业高新技术企业 115 家，占山东省全部海洋高新技术企业的 23.6%，主要分布在涉海设备制造和产品批发零售业（见表 1）。

从区域分布来看，青岛市海洋高新技术企业 204 家，占山东省全部海洋高新技术企业的 41.8%；烟台市海洋高新技术企业 81 家，占全部企业的 16.6%；潍坊市海洋高新技术企业 69 家，占全部企业的 14.1%；威海市海

① 姜艳艳：《环渤海经济圈海洋高新技术产业发展战略研究——以山东省为例》，《改革与战略》2018 年第 2 期。

表 1　2015 ~ 2017 年山东省主要海洋产业高新技术企业情况

单位：家

<table>
<tr><th></th><th>主要产业</th><th>海洋及相关产业分类</th><th colspan="2">企业数量</th><th>总计</th></tr>
<tr><td rowspan="6">传统海洋产业</td><td>港口建设</td><td>海洋交通运输业</td><td>9</td><td>9</td><td rowspan="6">97</td></tr>
<tr><td>滨海旅游</td><td>海洋旅游业</td><td>0</td><td>0</td></tr>
<tr><td>海洋渔业</td><td>海洋渔业</td><td>28</td><td>28</td></tr>
<tr><td rowspan="2">海洋食品</td><td>水产品加工</td><td>14</td><td rowspan="2">18</td></tr>
<tr><td>涉海产品再加工</td><td>4</td></tr>
<tr><td>海洋化工</td><td>海洋化工业</td><td>42</td><td>42</td></tr>
<tr><td rowspan="10">新兴海洋产业</td><td rowspan="3">海洋高端装备制造</td><td>海洋工程装备制造业</td><td>68</td><td rowspan="3">102</td><td rowspan="10">276</td></tr>
<tr><td>海洋船舶工业</td><td>22</td></tr>
<tr><td>海洋仪器制造</td><td>12</td></tr>
<tr><td>海洋生物医药</td><td>海洋药物和生物制品业</td><td>63</td><td>63</td></tr>
<tr><td>海水淡化及综合利用</td><td>海水利用业</td><td>8</td><td>8</td></tr>
<tr><td rowspan="2">海洋新能源新材料</td><td>海洋可再生能源利用业</td><td>9</td><td rowspan="2">30</td></tr>
<tr><td>海洋新材料制造业</td><td>21</td></tr>
<tr><td>海洋环保</td><td>海洋生态保护业</td><td>17</td><td>17</td></tr>
<tr><td rowspan="2">涉海高端服务</td><td>海洋技术服务业</td><td>44</td><td rowspan="2">56</td></tr>
<tr><td>海洋信息服务业</td><td>12</td></tr>
<tr><td colspan="2" rowspan="2">其他产业</td><td>涉海设备制造</td><td>107</td><td>107</td><td rowspan="2">115</td></tr>
<tr><td>其他产业</td><td>8</td><td>8</td></tr>
<tr><td colspan="5">合计</td><td>488</td></tr>
</table>

资料来源：根据高新技术企业认定管理工作网（http://www.innocom.gov.cn/）数据整理。

洋高新技术企业 60 家，占全部企业的 12.3%；东营市海洋高新技术企业 21 家，占全部企业的 4.3%；其他如济南市拥有海洋高新技术企业 15 家，主要分布在涉海设备制造、海洋保健品营养品制造等领域。山东省除枣庄外，各市均有海洋高新技术企业布局（见表 2）。

表 2　2015 ~ 2017 年山东省各市海洋高新技术企业情况

单位：家

城市	数量	城市	数量
青岛	204	日照	5
烟台	81	德州	5
潍坊	69	滨州	5
威海	60	济宁	4
东营	21	菏泽	3

续表

城市	数量	城市	数量
济南	15	聊城	2
临沂	7	泰安	1
淄博	6	合计	488

资料来源：根据高新技术企业认定管理工作网（http://www.innocom.gov.cn/）数据整理。

（一）海洋高新技术产业集聚发展态势初步形成

1. 海洋高端装备制造

2015～2017 年，山东省海洋工程装备制造业、海洋船舶业高新技术企业共 90 家，主要分布在青岛（32）、烟台（19）、东营（15）和威海（13）等市，分别是以青岛海西湾为中心的大型船舶及海洋工程装备制造集群、临港设备制造集群，以烟台为中心的大型海洋工程装备制造集群，以威海为中心的海洋船舶制造集群，以东营为中心的石油装备制造集群①。代表企业有青岛海西重机有限责任公司、中集海洋工程研究院有限公司、烟台杰瑞石油服务集团股份有限公司、胜利油田高原石油装备有限责任公司等。

2015～2017 年，山东省海洋仪器制造高新技术企业共 12 家，约占全国的 10%②。其中青岛市拥有 9 家，代表企业有山东省海洋仪器仪表科技中心、青岛森科特智能仪器有限公司、青岛海研电子有限公司、青岛卓建海洋装备科技有限公司等；烟台市拥有 3 家，分别是山东东润仪表科技股份有限公司、山东创惠电子科技有限责任公司和山东深海海洋科技有限公司。

2. 涉海设备制造

涉海设备制造属于海洋相关产业，位于海洋经济的外围层。2015～2017 年，山东省涉海设备制造高新技术企业共 107 家，占山东省全部海洋高新技术企业的 21.9%，为海洋石油生产、海洋船舶、海水养殖、海洋化工等生产与管理活动提供装备、设备及配件（不包括海洋工程装备），是与海洋产业构成技术经济联系最广泛的产业。主要集中在青岛（45）、烟台（17）、

① 黄立业、袁清昌、李莎、史筱飞、赵辉、毛原宁、张国良、亓亮、张大瑞：《山东省海洋工程装备产业发展对策研究》，山东省科学技术情报研究院、山东科技情报学会，2015，山东省科学技术情报研究院网站，http://www.sdsti.net.cn/col/col108819/index.html，最后访问日期：2019 年 9 月 10 日。

② 李民、刘勇：《中国海洋仪器产业发展现状与趋势》，《中国海洋经济》2017 年第 2 期。

威海（17）和潍坊（10）等市，代表企业有青岛黄海船用阀门有限公司、潍柴西港新能源动力有限公司、青州市巨龙环保科技有限公司和山东双轮股份有限公司。

3. 海洋生物医药

2015～2017 年，山东省海洋药物和生物制品高新技术企业共 63 家，企业主导产品主要涉及海藻提取物、海洋医用材料、海洋生物农用制品、海洋化妆品和保健食品领域，部分产品技术达到国际领先水平，生产规模居于国内和国际首位。从海洋生物医药高新技术企业区域分布来看，青岛市拥有 26 家，威海市拥有 14 家，烟台市拥有 9 家，分别占全省海洋药物和生物制品高新技术企业的 41.3%、22.2% 和 14.3%。

4. 涉海高端服务

2015～2017 年，山东省海洋技术服务业高新技术企业共 44 家，主要提供水产品检测、海洋测绘、水文气象、海洋工程管理服务及为海洋科技交流与推广提供服务活动。主要集中在青岛（25）、烟台（6）和潍坊（5）等市。

2015～2017 年，山东省海洋信息服务业高新技术企业共 12 家，主要集中在青岛市（10），提供海洋卫星遥感、海洋及地球科学软件研发、地球物理勘探及数据处理、船舶信息系统集成等服务活动。

5. 海洋化工

2015～2017 年，山东省海洋化工高新技术企业共 42 家，主要产品为阻燃剂及阻燃材料、纯碱、烧碱、医药、农药中间体及原料药、金属钠以及海藻化工产品。山东省海洋化工高新技术企业主要集中在潍坊市（31）。青岛市（7）企业主要专注于海藻资源的深度开发和应用。代表企业有山东默锐科技有限公司、山东天一化学股份有限公司、青岛聚大洋藻业集团有限公司。

6. 海洋渔业

2015～2017 年，山东省海洋渔业高新技术企业共 28 家，主要产品为海水动植物养殖、育种、育苗、水产养殖饲料。其中水产养殖饲料企业 22 家，主要集中在青岛（9）、潍坊（7）等市，代表企业有青岛七好生物科技有限公司、山东贝瑞康生物科技有限公司。海水养殖企业有 5 家，主要集中在烟台市（4），代表企业有山东东方海洋科技股份有限公司、莱州明波水产有限公司。

7. 海洋食品

2015～2017 年，山东省水产品加工、涉海产品再加工高新技术企业共

18 家，主要产品为水产罐头、水产加工品以及方便即食食品、调味品等。主要集中在威海（7）、青岛（6）和烟台（4）等市，代表企业有荣成泰祥食品股份有限公司、海益宝科技股份有限公司和青岛佳日隆海洋食品有限公司。

8. 港口建设

2015～2017 年，山东省海洋交通运输业高新技术企业共 9 家，主要提供港口与航道工程、航运物流、装卸搬运、集装箱等服务。主要集中在青岛市（5），代表企业有青岛港科技有限公司和中交烟台环保疏浚有限公司。

（二）海洋高新技术企业创新发展势头显著

山东省海洋高新技术企业的科技创新活动已成为海洋经济发展的重要引擎。以海洋高新技术企业为代表的山东涉海企业共建成国家海藻工程技术研究中心、国家海洋药物工程技术研究中心、国家海产贝类工程技术研究中心等 3 家国家工程技术研究中心，海藻活性物质国家重点实验室、海洋涂料国家重点实验室、内燃机可靠性国家重点实验室等 3 家国家重点实验室，以及海参产业、卤水精细化工产业等 21 个海洋领域产业技术创新战略联盟，海洋高新技术企业的创新主体地位显著提升。中集来福士、胜利高原、东方海洋、寻山集团、明月海藻、绿叶制药等具有较强自主创新能力的涉海企业快速发展壮大，形成了以自主知识产权为基础的核心竞争力。一批制约产业发展的“卡脖子”科技问题实现重要突破。中集来福士自主设计建造超深水半潜式钻井平台——“蓝鲸 1 号”，全球作业水深、钻井深度最深，成功承担了中国南海可燃冰试采任务。日照万泽丰公司联合中国海洋大学等单位自主研发设计的深远海养殖工船通过养殖工船和多类网箱组成的离岸养殖系统，成功实现三文鱼等高价值海洋冷水鱼类深远海智能养殖，水质环境监控、深层测温智能取水与交换、饲料仓储与自动投喂等技术达到国际先进水平，并在世界上首创温带海域冷水鱼类规模化养殖模式。无棣海忠软管公司的深海动态柔性管道产品打破国外垄断，实现了技术国际领先。黄海造船有限公司建造了中国第一艘具有完全自主知识产权的船长 150 米以上的大型客滚船。

（三）陆海统筹趋势不断强化

据统计，山东省超过 10% 的涉海装备高新技术企业来自省内内陆企业，越来越多的非传统涉海高新技术企业走向海洋，华特磁电、青州巨龙环保、山东开泰等一大批内陆和非涉海企业主动向海洋发展，瞄准海洋产业需求，立足自身原有优势，积极开拓海洋市场，形成了鲜明的陆海统筹特色。无棣海忠软管公司是国内唯一实现规模生产海底300米水深静态软管的企业。山东九环石油机械有限公司抽油杆产品连续12年市场占有率全国第一。山东华特磁电科技股份有限公司开发的电磁流体海水浮油分离与回收装置，实现了油污海水的分离和回收，处理后的海水符合国标第Ⅳ类海水水质无明显油膜的标准。

二　企业发展问题与挑战

海洋经济的发展是以海洋科学知识的创新和海洋高新技术的发展为依托的。尽管近年来山东加大了海洋高新技术研发的支持力度，但还不能满足需求，这也导致以高新技术为核心资源的海洋高新技术企业培育和发展较慢。通过初步梳理山东省海洋高新技术企业总体现状和发展特点，发现存在以下问题。

（一）科技成果转移转化能力亟待提高

海洋领域科技创新普遍存在周期长、投资大、风险高的特点，制约了科技成果的转化水平。山东省高新技术企业在发展中也面临着科技成果转化不畅的困境。一是部分海洋科技成果成熟度不高，海洋科技创新与产业发展联系不够紧密。山东海洋领域的理科类院所多，工科类院所少，基础学科多，从事工程技术的学科少，开展海洋生物资源开发等基础研究的人才多，开展工程技术研究及成果转化的人才少，导致海洋科技成果大多集中在大学和研究机构，主要集中在海洋生物医药、海水养殖以及海水资源综合利用等方面。二是没有建立完善的海洋科技成果转移转化体系，科技成果转化政策网尚未建立，缺乏量大面广的中介服务机构，知识产权议价定价水平有待提高。海洋科技成果转移转化体系的不健全使得学术界与产业界联系不够紧密，科研部门与企业的技术供需差距较大，科研与产业需求缺乏良性互动，科学研究与生产实际相脱节，科技成果产业化的风险难以降低，企业承接技术转移的意愿不高。在某项技术从产生到披露再到转让的全过程中，急需既有扎实的技术背景，也有丰富的商业经验的专业化技术转移机构，为海洋科技成果产业化提供专利管理、商务谈判、协调沟通等一系列的高质量服务。

（二）企业技术创新能力存在不足

山东省在部分优势海洋产业领域培育发展了一批海洋高新技术企业，但企业数量、规模和总体实力与省内大企业浪潮、海尔等相比差距较大，市场竞争力不高，对行业带动作用有待提升。海洋高新技术企业的海洋科技成果及其产业的特殊性（高风险、高难度、高投入）导致以民营企业为主的高新技术企业在科技研发方面投入积极性不高，不愿意承担科技研发的高风险①。企业在海洋领域的科技创新主体地位与陆域产业相比仍存在较大差距。近年来，国家、省、市都在推动企业提高自主创新能力，出台了大量措施和政策，支持企业设立研发中心、引进高端人才、攻克高新技术，取得一定成效。以支持企业为主体承担各类科技项目为例，海洋领域企业参与技术研发牵头项目课题的比例提升幅度不小，但受限于自身研发实力，核心内容研发和经费在很大程度上主要由协作单位（高校和科研院所）分担，企业仍然无法掌握核心技术，海洋高新技术企业的源头创新能力尚需培育。

（三）创新环境和配套措施有待完善

海洋科技创新是一项系统工程，需要技术与企业、金融、市场等深度融合的良好创新生态。在培育发展海洋高新技术企业的过程中，山东省缺乏能够覆盖科技创新创业全过程，政府、企业、科研机构、金融机构、服务机构之间紧密联系、通力合作、各负其责、各环节无缝衔接的良好环境，容易出现“半拉子”工程。另外，涉海行业领域内企业研发实力高低不均，企业缺乏研发或者测试所需的资金、场所、设备、人力等条件。例如海洋石油装备海上试验耗资大、风险高，采油企业担负海试风险能力差、意愿低，装备生产企业缺乏有效的应对手段，海试已经成为制约海洋石油装备研发的巨大障碍；海洋化工产业管理体制与控制措施，制约了技术研发与转化的开展，尤其中试等产业转型升级的关键环节受约束过多，需要建立有利于促进海洋化工中试的安评、环评新机制。

（四）企业融资难问题较为突出

目前，山东省尚未建立成熟的科技金融市场，省内缺乏海洋高新技术的

① 钱洪宝、向长生：《海洋科技成果转化及产业发展研究初探》，《海洋技术》2013 年第 4 期。

大型风险投资机构和有经验的投资家，尤其缺乏针对海洋科技创新创业特点、专业性强、多样化的投资机构，民间资本不敢投、不会投，积极性不高，使得海洋高新技术企业绝大多数难以针对科技创新不同阶段不同类型获得多层次多渠道的科技金融支持。大部分海洋高新技术企业在选择融资时首先考虑通过政府杠杆拓展融资渠道，资金来源主要为政府专项资金和金融贷款，受限于各种审批手续和政策限制，海洋高新技术企业所获融资占整体融资比例偏小，政府作为风险分担者促进企业发展的政策措施亟待加强①。

三　对海洋高新技术企业提质增效和加强培育的思考

为加快构建现代海洋产业和实现海洋强省建设目标，我们从科技创新和制定可操作的政策措施角度出发，初步考虑从以下层面出台有关措施促进山东省海洋高新技术企业提质增效和培育壮大。

（一）提升海洋科技源头创新能力

以青岛海洋科学与技术国家实验室、中科院海洋大科学研究中心为代表的海洋重大科技创新平台是山东省发展海洋经济的核心支撑。如何将海洋科研优势转化为产业优势，对加快建设海洋强省和海洋强国有着至关重要的意义。重大科技创新平台要瞄准打通基础研究和技术创新衔接的绿色通道，服务山东省海洋产业发展需求，加快推进深海生物资源开发、海洋大数据与人工智能、水下机器人、海洋新能源新材料等领域高水平研发和成果转化平台建设，积极参与“智慧海洋”“健康海洋”“海上粮仓”“海洋牧场”建设和军民融合等重大科技任务和示范工程，以技术突破引领海洋产业发展，进而促进海洋高新技术企业的培育和发展。

（二）发挥现代海洋产业科技作用

省级科技管理部门要将抓规划作为重要职责，认真研究海洋产业技术创新的基础与不足，围绕深远海养殖与极地渔业、大型海洋浮式结构物设计与建造、海洋智能装备制造等现代海洋产业技术链条凝练关键问题，组织科研

---

① 张爱珠、郑玲：《浙江海洋科技中小企业直接融资存在问题及对策研究》，《商场现代化》2014 年第 13 期。

机构与企业等开展联合攻关，提供相应解决方案，形成产业链和创新链的重要交汇。同时要高度重视企业创新主体地位，特别是发挥山东海洋高新技术企业在高端海工装备、海洋生物医药、海水养殖等重点领域的创新优势，推动其牵头承担国家重大科技创新项目，提升创新能力，形成产业发展新优势。

（三）培育海洋高新技术企业、科技型中小微企业

充分利用山东省现代海洋产业基金和市级海洋产业基金，引导金融和社会资本共同支持中小微企业发展，重点激励一批创新能力强、发展潜力大的海洋科技型企业脱颖而出，成长为高新技术企业。优化现行支持政策，进一步加大研发费用加计扣除、企业研发投入后补助、“创新券”、知识产权质押融资补贴、科技成果转化贷款风险补偿等普惠性政策落实力度，为海洋高新技术企业规模化发展营造环境。支持海洋科技领军企业牵头实施国家和省重大科技创新项目，牵头建设开放共享的创新创业平台、大学科技园和专业化众创空间，以众创、众包等方式带动上下游中小企业集聚发展，支撑区域创新驱动发展。

（四）布局建设一批海洋特色科技园区

按照国家高新区高质量发展的有关政策，做大做强以蓝色经济为引领的山东半岛国家自主创新示范区，进一步推动现代海洋产业高新技术企业集聚发展。支持沿海高新区依托资源禀赋和产业发展特色，着力建设海洋生物医药、高端海工装备、海洋大数据等创新型特色园区，打造特色鲜明的国家高新区，集中力量将重点产业打造成为区域性“名片产业”，实现示范区主导产业的错位协同发展以及陆海统筹，提升产业竞争力和区域影响力。

（五）打造各具特色的海洋科技产业聚集区

依托青岛、烟台、威海、潍坊等国家级高新区和各地海洋特色新区，做大做强中集来福士海工装备园、威海海洋高新技术产业园、山东国际生物科技园等特色海洋产业园（基地），在青岛和烟台打造海洋生命健康、海洋高端装备制造和海洋信息产业高地，在威海打造高技术船舶和海洋生物高端健康食品产业高地，在潍坊打造绿色海洋化工产业和海洋船舶动力产业高地，通过科技创新形成特色优势产业集聚发展，引领上下游产业链的形成，建设

以海洋高新技术企业为龙头核心的海洋科技产业聚集示范区。

The Thinking about Development of Ocean High-tech Enterprise in Shandong

Guo Wenbo, Li Bin, Li Lei

[*National Oceanographic Center (Qingdao), Qingdao, Shandong, 266071, P. R. China*]

Abstract: Marine high-tech enterprises are the core advantage enterprises of marine economy and the important carrier of marine high-tech industry development. They play a key role in supporting industrial technological innovation, promoting the adjustment of marine industrial structure and accelerating the high-quality development of marine economy. According to ocean industries related standards, we summarized the basic situation of major ocean industries high-tech enterprises in shandong province from 2015 to 2017. This paper found that the development trend of marine high-tech industry agglomeration in Shandong, overall characteristics of the land and sea is significant, but the high and new technology enterprise of independent innovation ability, achievement transformation ability remains to be promoted. Based on the above research, we put forward countermeasures and suggestions for the development of Marine high-tech enterprises, for example, to improve the layout of modern Marine industry science and technology supply, and to build Marine characteristic science and technology area.

Keywords: Marine High-tech Enterprises; Construction of Shandong Marine Power; Marine Economy; Technology Transfer; Industrial Restructuring

（责任编辑：王苧萱）

优化和拓展口岸功能　创造青岛对外开放新高度

李　立　刘爱花　刘　凯*

摘　要：口岸功能对区域经济的高质量开放发展有重要影响。优化和拓展口岸功能可循三个方向重点突破：一是创办自贸试验区和自由贸易港，争取更大开放空间；二是建设特色口岸试验区，创新口岸服务体系；三是整合境内外优势资源，增强口岸经济延展效应。实现上述目标，需要同时采取强有力的保障措施，包括：打通陆海通道，培育区域经济开放发展的“桥头堡”；强化“多港联动”效应，发掘对外开放的优势资源；完善口岸服务体系，增强青岛服务全球的能力；推动“四大”领域改革，凝聚青岛口岸支持国家纵深开放的“底气”。

关键词：口岸　口岸经济　口岸功能　青岛口岸　对外开放新高度

口岸功能对市场繁荣和区域经济高质量开放发展有重要影响。面对世界格局重大调整和中国全面开放新背景，进一步优化和拓展口岸功能，有利于增强口岸经济的延展效应，为区域经济高质量开放发展增添新的“发动机”，为国家纵深开放战略的实施提供重要的“战略支点”。本文以青岛口岸为例，拟从优化和拓展口岸功能的角度，就如何创造对外开放新高度谈一

* 李立（1955～），男，博士，青岛科技大学教授，东北亚经济发展研究中心主任，主要研究领域为外向型经济、产业发展。刘爱花（1980～），女，山东外贸职业学院副研究馆员，硕士，主要研究领域为决策咨询。刘凯（1990～），男，青岛酒店管理职业技术学院助教，硕士，主要研究领域为外向型经济。

点意见。

一　优化和拓展青岛口岸功能的现实需求和紧迫性

口岸是国家对外开放的门户，是人员和经贸往来的桥梁，也是国家安全的重要屏障。改革开放以来，中国外向型经济由沿海逐步向沿边、沿江和内地辐射，口岸也由沿海逐渐向边境、内河和内地发展。现在，除对外开放的沿海港口外，口岸还包括国际航线上的飞机场、山脉国境线上的山口、国际铁路和公路上对外开放的车站、国际河流和内河上对外开放的水运港口等。

以口岸为载体，通过人力流、资金流、物质流、信息流等经济元素双向反馈而带动贸易、加工、仓储、经济技术合作、电子商务、旅游购物、商贸金融、交通及服务行业、基础设施建设等经济活动，从而显现出整体功能的经济系统称为口岸经济。口岸经济是岸城一体化的根本动力。口岸经济的地域单元是岸城互动的地域增长空间。口岸经济的发达水平，对相关地区的经济发展和市场繁荣具有重要影响①。

青岛曾是中国北方最大的对外开放口岸。改革开放以来，青岛口岸型功能区不断丰富，已经包含除自贸试验区和自由贸易港之外的几乎所有领域，对区域经济发展产生了重要助推作用。但与国家全面开放发展战略的需求和青岛肩负的重大责任相比，进一步优化和拓展口岸功能对青岛来说仍是一项十分紧迫的任务。

（一）优化和拓展口岸功能是应对“逆全球化”潮流的现实需求

2008 年国际金融危机爆发后，历经多年调整，全球经济复苏依然乏力，贸易保护主义不断升级，国际经济环境风云变幻，各类区域性贸易投资协定及投资政策显露的去全球化迹象日益显著，世界的经济运行秩序和贸易规则出现重大变化②。优化和拓展口岸功能已经成为应对“逆全球化”潮流带来的严峻挑战、推动中国高质量开放发展的迫切需求。

青岛地处中国经济最活跃的长三角经济带与京津冀城市群之间，是中国

---

① 邬冰、王亚丰、佟玉凯：《中国沿边口岸与城市腹地互动机理研究》，《城市发展研究》2012 年第 9 期。

② 李玲、陈兆康、林发勤：《经济危机后贸易开放如何影响居民主观幸福感》，《产业经济评论》2018 年第 3 期。

沿黄流域最主要的出海口，拥有世界级优良海港，且港阔水深、航线配置密度大、毗邻国际主航道，具备担纲东北亚地区门户口岸的有利条件。另外，从全国已批准建设的 12 个自由贸易试验区分布情况来看，整个山东地区的布局仍是空白，面向“一带一路”的物流大通道在最东端还缺少一个开放度更高的口岸支撑。优化和拓展青岛的口岸功能，有利于增强以口岸为依托的区域经济发展活力，对内与京津冀、沿黄流域、东北三省形成发展互动，对外面向东北亚，打造长江以北地区国家纵深开放重要战略支点①。

（二）优化和拓展口岸功能是担纲国家纵深开放“战略支点”的重大责任

青岛作为中国重要经济中心城市和沿海开放城市，在“一带一路”倡议中被赋予“新亚欧大陆桥经济走廊”主要节点城市和“21 世纪海上丝绸之路”合作支点城市的重要地位，并且设有国内唯一的“中国—上海合作组织地方经贸合作示范区”。积极创建高水平对外开放服务平台，争当落实国家开放战略的排头兵和先行区，既是青岛的重大发展机遇，又是青岛的一种责任。

根据这一要求，青岛应认清自身肩负的重大责任，根据国家面向“一带一路”、立足东北亚地区实施纵深开放战略的需求，对口岸功能做出新的规划，充分发挥地区经济增长枢纽、国际要素流动通道、国际经济文化交流平台等重要作用。尤其是在东北亚地缘关系深刻变革，中日韩自由贸易区再度为世人瞩目的新背景下，青岛需高度关注中日韩自由贸易区谈判进程②，主动为中日韩三国多领域合作的初步共识在青岛先行先试提供可靠保障，将整个城市建设成为具备地区性深度合作能力的综合性枢纽，发挥“撬动”区域经济发展的“战略支点”功能。

（三）优化和拓展口岸功能是增强口岸经济延展效应的紧迫任务

近年来，青岛努力加强口岸管理和打造营商环境，取得了较好的成绩。

---

① 肖巧琳：《中国自由贸易试验区建设进程》，http://www.istis.sh.cn/2018-10-14，最后访问日期：2019 年 6 月 17 日。

② 中日韩自贸区第十六轮谈判首席谈判代表会议于 2019 年 11 月 28~29 日在韩国首尔举行。三方围绕货物贸易、服务贸易、投资和规则等重要议题深入交换了意见，取得积极进展。参见《中日韩自贸区第十六轮谈判在韩国首尔举行》，http://www.xinhuanet.com/2019-11/29/c_1125291383.htm，最后访问日期：2019 年 11 月 30 日。

但是，受早期口岸规划水平及空间布局限制，青岛的口岸功能与国内外先进城市相比仍存在较大差距，在增强口岸经济的延展效应方面还存在若干明显不足。

1. 对外开放的枢纽功能不足

青岛拥有多类海关特殊监管区，口岸功能相对发达，但受口岸布局分散、服务通道狭窄等因素限制，枢纽功能受到严重影响。其中，较突出的问题有如下几点。一是具有物流集散功能的场所分布不均衡，检疫处理区、放射性检测系统等基础设施布局分散，限制了快速疏港能力和出入境通关效率，影响了口岸功能的充分释放。二是口岸存储能力受功能区布局限制，国际物流集散中转能力较低，且航空货运、铁路货运缺乏分拨、保税仓储等多层次口岸物流增值服务。三是口岸服务和监管手段相对落后，信息系统集成度偏低，不同口岸之间的信息资源共享、管理系统整合受到限制。四是口岸功能较为单一，“多式联运”物流大通道起步较晚，铁路、海港、公路、航空“四位一体”的口岸联动平台缺乏综合性建设思路，缺乏从区域经济发展整体需求出发的规划和跃升，在一定程度上限制了口岸经济的延展效应。

2. 口岸服务的协同功能不足

按照口岸安全高效运行的需求，青岛亟须建立“三港联动”（海港、空港、陆港）、“三岸协同”（铁路口岸、航空口岸、水路口岸）的管理体系。但因口岸型功能区管委会与相关行政区的职能关系尚未理顺，以城市功能组团为载体的园区协调开发体制尚未建立，导致青岛口岸在管理机制的统筹等方面出现三方面缺失。一是海港、空港、陆港分别设有多类海关监管场所，相互之间缺乏统筹协调，妨碍了一体化通关效率的提高和国际物流枢纽港的建设。二是口岸功能缺乏配套产业园区支撑，海关特殊监管区受“围网”面积约束，难以形成良好的口岸经济效能，导致综合保税区“溢出效应”严重缺失。三是集疏运体系运行水平较低，面对多类国际班列陆续开通、多式联运监管中心试点、临空经济区的运营，尤其是对海、陆、空、铁“四位一体”联运模式表现出明显的不适应。

3. “岸城互动”的推进功能不足

口岸作为国家对外开放的门户，需要密切配合国家战略布局、区域经济发展需求，只有这样才能充分发挥对经济和社会发展的正“外部效应”①。

---

① 青岛市口岸办：《青岛口岸“十三五”发展规划》，http://www.docin.com/20160817，最后访问日期：2019 年 6 月 17 日。

青岛目前在此方面存在以下两点不足。

一是受口岸功能限制，青岛的临港经济及其衍生形态和服务体系不发达，“港强贸弱”的特征突出，从物流港、运输港向贸易港转型的任务十分艰巨。据统计，2018 年，青岛港货物吞吐量为 5.4 亿吨，增长 6.1%（见图 1）；集装箱吞吐量为 1932 万标准箱，增长 5.5%①。按照上述两项指标排序，青岛港在国内港口中的排名为第 5 位，并位居世界十大港口之列。

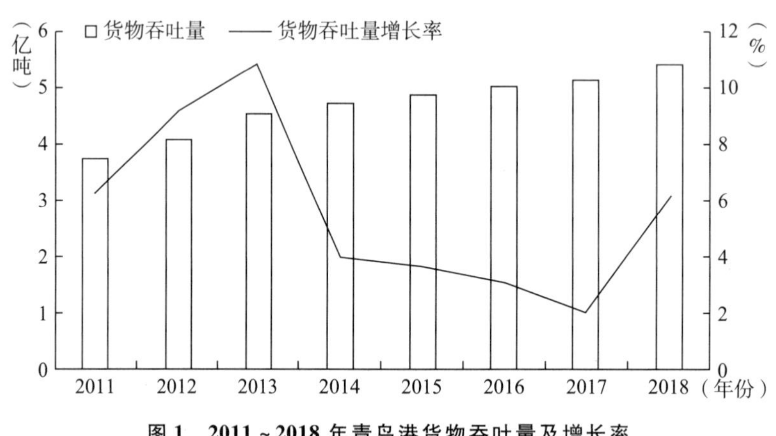

图 1　2011～2018 年青岛港货物吞吐量及增长率

但是，青岛市的国际贸易额在国内同类城市中的排名却明显偏后。据统计，2018 年，青岛市进出口贸易总额为 5321.3 亿元，增长率为 5.7%，在国内 11 个作为比较样板的沿海城市中位居第 8 位②。青岛的这一排名虽然比 2017 年上升了 1 个位次，但其进出口贸易总额不仅与国内处于领先地位的上海、深圳等贸易大城市相比差距很大，而且明显低于 11 个样本城市进出口贸易总额的平均值和中位数（见图 2）。

二是服务贸易出口规模小、层次低，在出口贸易总额中的占比较小。这一情况与当今世界服务化程度日趋加深，服务贸易在国际贸易中的地位不断上升不相称，并与服务贸易已经成为带动世界经济增长主要力量的现实状况极不相称。据统计，2018 年，青岛市实现的服务贸易进出口总额为 176.1 亿美元，增长率为 9.6%。其中，服务贸易出口总额为 87.5 亿美元，

① 青岛市统计局：《2018 年青岛市国民经济和社会发展统计公报》，2019－3－19，http://news.bandao.cn/a/210013.htm，最后访问日期：2019 年 6 月 17 日。

② 据《2018 年青岛市国民经济和社会发展统计公报》，2018 年青岛口岸对外贸易进出口总额为 12196.8 亿元，增长 9.7%。本文认为，口岸贸易额受中转贸易等因素影响，难以反映不同城市间实际国际贸易水平，故未予采用。

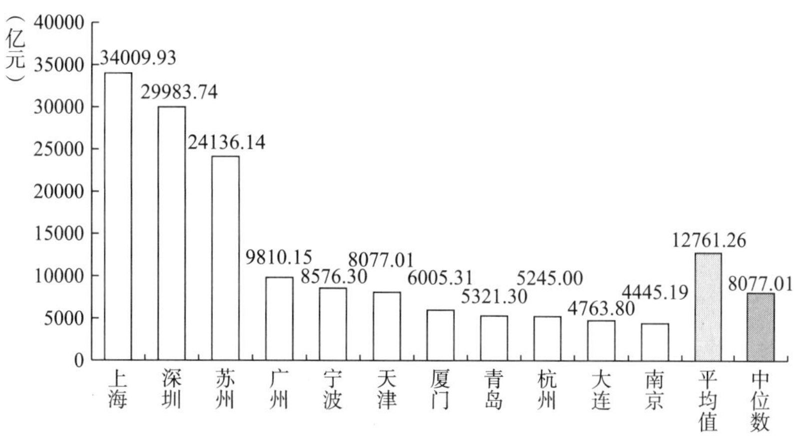

图 2　2018 年中国 11 个开放型城市进出口贸易总额比较

注：深圳、广州、大连三市的货物进出口贸易总额为 2017 年数据。

增长率为 5.6%；服务贸易进口总额为 88.6 亿美元，增长率为 13.8%[①]。上述三项指标的增长速度均显著高于同期货物贸易增长速度，形势喜人（见表 1）。

表 1　2018 年青岛服务贸易进出口总额及其在进出口贸易总额中的占比

项目		指标	货物贸易（亿元）	服务贸易（亿美元）
进出口		进出口总额	5321.3	176.1
		增长率（%）	5.7	9.6
其中	出口	出口总额	3172.2	87.5
		增长率（%）	4.7	5.6
	进口	进口总额	2149.0	88.6
		增长率（%）	7.3	13.8

二　优化和拓展青岛口岸功能需重点突破的方向

为弥补口岸和口岸型功能区权限不足、特色口岸建设不足、口岸功能区协调不足，以及口岸和口岸型功能区对区域经济支撑力度不足等，青岛应在

① 青岛市统计局：《2018 年青岛市国民经济和社会发展统计公报》，2019 - 3 - 19，http://news.bandao.cn/a/210013.htm，最后访问日期：2019 年 6 月 17 日。

如下几个方面实施重点突破。

（一）创办自贸试验区和自由贸易港，争取更大开放空间

2018 年底，青岛西海岸综合保税区获国务院批复。这一目前开放层次最高、优惠政策最多、功能最齐全、手续最简化的海关特殊监管区，集保税区、出口加工区、保税物流园区和港口功能于一身，且增加了国际转口贸易等新功能[①]，为青岛率先推广上海等自贸试验区试点经验，进一步升级为自由贸易港奠定了坚实的基础。但是，相对于担负的历史重任，目前青岛享有的开放权限还明显不足。青岛应站在国家对外开放新高度和改革开放新标杆的制高点上，最大限度地运用先行先试空间，把自贸试验区建设和自由贸易港创建作为新时代改革开放新举措，彰显自身对外开放新高地的引领作用，为山东面向世界开放发展增添新的“发动机”，为半岛城市群增加新的竞争力。

青岛自贸试验区和自由贸易港建设可采取分步推进的方式。当前，除积极做好综合保税区批复后的启动工作外，还应进一步扩大综合保税新片区（如在胶东临空经济区建设综合保税区），并争取在条件成熟时，向自贸试验区和自由贸易港转型。另外，青岛自贸试验区和自由贸易港的设计，应突出满足服务贸易和服务业发展需求，重视生产性服务贸易的产业布局，创新离岸贸易、离岸金融业务的发展模式，并进一步完善海关方面的离岸政策，做好便利离岸公司设立、跨国企业总部资金调配、国际人员进出管理等方面的服务，尽快形成以离岸贸易为基础和起点的各种配套服务链[②]，以便提升青岛自贸试验区和自由贸易港的国际竞争力。

（二）建设特色口岸试验区，创新口岸服务体系

青岛应借鉴有关城市经验，积极申请具有保税功能、反映城市特色的“指定口岸”，试行零关税、低税率等特殊政策，以便深入探索自贸试验区和自由贸易港的制度体系，增强国内外对“投资青岛就是投资国家战略”的市场预期。同时，可借鉴天津滨海新区中心商务区建设“围网外”自贸

---

① 《国务院关于促进综合保税区高水平开放高质量发展的若干意见》，http://www.gov.cn/zhengce/content/20190125，最后访问日期：2019 年 6 月 17 日。

② 朱福林：《建立自由贸易港的战略思路与对策》，《全球化》2018 年第 6 期。

区经验①，申请建立享受“境内关外”政策却不封关运作的“特殊功能区”。需要强调的是，这类“特殊功能区”应重点定位于金融、商贸、物流、信息、研发和文化创意等服务业，目标是助力青岛提升现代服务业发展水平，发挥引领半岛城市群高质量开放发展排头兵的作用。

按照上述思路，可以优先选择的方案有以下三种。

（1）创立时尚产品展示和交易口岸。伴随人民收入水平的提高和中国对外开放程度的加深，时尚产品的需求将放量增长。适时拓展综合保税区的功能，建立时尚产品展示和交易“指定口岸”，将对满足人民群众对美好生活的追求，促进时尚产品服务业转型具有积极推动作用。借鉴国内若干城市推动“指定口岸”建设的经验，除禁止进出口和限制出口以及需要检验检疫的货物外，青岛时尚产品展示和交易口岸对进出口的其他货物可以试行“一线放开、二线管住”的进出境管理制度。同时，可借鉴青岛汽车口岸运营经验②，让消费者买到更便宜的时尚产品，并通过时尚产品进口和出口双向通道，催化形成集时尚产品进出口、生产、销售、报关代理、物流运输、售后服务乃至时尚设计、时尚服务和制造等功能于一体的高附加值产业链，推动进出口贸易额和税收双增长，助力区域经济高质量开放发展。

在时尚产品展示和交易口岸初创期，可以依托“青岛胶东国际临空区”或拟建立的“中日韩自贸试验区”等重点开放区域建设，内部架构可以按照“展示交易”“商品集散”“仓储物流”三大功能区进行布局。未来发展目标是，逐步形成国际时尚产品展示交易中心、国际时尚贸易集散中心、国际时尚产品仓储物流中心，建设成为面向中国北方地区的最具品牌影响力的时尚产品交易口岸。

（2）打造跨境贸易电商服务口岸。可根据跨境贸易电子商务发展趋势和青岛口岸功能现实需求，在如下领域先行先试。一是支持开展跨境电商进出口业务和跨境电商零售进口网购保税试点，逐步实现综合保税区全面适用跨境电商零售进口政策。二是支持企业建设覆盖重点国别、重点市场的跨境电商海外仓。三是支持建设产品质量追溯体系和用户体验平台，促进形成稳定的质量服务和体验服务系统。四是支持创新跨境电子商务交易、支付、物

---

① 上海自贸试验区内的各个海关特殊监管区都是在围网内封关运作。但天津自贸试验区的中心商务区实行不封关运作。其基本架构是：围网内的通关和货物贸易便利化主要由海港和空港保税区去做，中心商务区主要发挥金融服务、贸易便利化、服务于进出口贸易的作用。

② 陈芳：《加速建设发展青岛整车进口口岸之建议》，《水运管理》2015 年第 7 期。

流、通关、退税、结汇等环节的制度体系，破解跨境电子商务与现行管理制度的深层次矛盾[①]。五是加强国际快件监管中心建设，打造高效率的跨境电商寄递服务平台。同时，根据口岸经济发展需求，在保税监管场所设立大宗商品期货保税交割库。

在跨境贸易电商服务口岸初创期，可以依托“中国—上海合作组织地方经贸合作示范区”运行。内部架构可以根据跨境贸易电子商务的特殊需求进行设计。另外，鉴于跨境贸易电子商务海关监管的特殊性，可借鉴上海自贸试验区跨境服务贸易负面清单管理模式，不断积累经验，积极稳妥地扩大试点范围。

（3）建设旅游和贸易联动发展口岸。根据国家级旅游业改革创新先行区试点经验，可在如下领域先行先试。一是率先复制自贸试验区旅游开放政策，放宽旅游市场限制，简化出入境手续，积极争取免签证/落地签政策，为游客跨境来往创造更多便利。二是在“旅游和贸易联动发展口岸”实施离区免税政策，对离区（不包括离境）旅客实行限次、限值、限量和限品种免进口税购物。对在实施离区免税政策的免税商店内付款，在隔离区提货离区的，给予税收优惠政策。三是在已顺利开通“旅游购物”贸易方式的基础上[②]，创立开放程度更高、覆盖产品领域更广泛的“特殊功能区”，允许“旅游和贸易联动发展口岸”内货物自由流转、集拼，无须办理报关转关手续。四是允许在“旅游和贸易联动发展口岸”登记注册的旅行社经营出境游业务，以便吸引更多国际优质旅行社带入更多入境旅游者，扩大青岛入境旅游人数的规模。

在“旅游和贸易联动发展口岸”初创期，可依托青岛国际邮轮母港运行。内部体系的设立，可按照国际游客服务中心、国际商品展示和交易服务中心、国际金融服务中心等功能架构。同时，应根据国际邮轮母港“船—岸服务一体化”的特殊需求，按照国际先进水平完善“船—岸配套服务体系”，并合理设置通关模式和通关流程，创造最便捷的通关和疏港条件。

---

① 童馨、王皓白：《我国跨境电商发展现状及问题研究》，《大庆社会科学》2017 年第 3 期。

② 2017 年 4 月 14 日，以“旅游购物”贸易方式申报出口的商品（共涵盖厨房设备和餐具等 200 个品名）在青岛跨境电子商务产业园顺利操作清关。“旅游购物”模式的开启，将有助于激活出口企业和商户的对外贸易活力，提升市场的整体外向度，助推青岛开放型经济形成更多新亮点。

（三）整合境内外优势资源，增强口岸经济延展效应

借鉴上海自贸试验区先行先试的经验，青岛市应主动将临港经济区、临空经济区纳入自贸区制度创新和开放实施的试验范围，为进一步增强口岸经济延展效应创造更为坚实的平台和基础。为此，需在优化和拓展口岸功能的过程中，对如下几个领域的建设给予重点关注。

1. 青岛胶东临空经济示范区

青岛胶东临空经济示范区的规划建设面积为149平方公里，发展目标是依托世界一流水准的4F级胶东国际机场①，形成保障年旅客吞吐量6000万人次（近期目标是年旅客吞吐量3500万人次）和千亿级临空经济的产业链。伴随自贸试验区和自由贸易港申报及筹划进程的加速，青岛有关方面需从全球市场、国家战略和青岛责任的高度，对临空经济区的口岸功能进行新的优化和提升，并积极争取在青岛自贸试验区建设和对外航权谈判中获得“第五航权”支持②，以便利用中转城市的身份，打造餐饮娱乐、免税购物、旅游住宿等国际化的中转服务枢纽，赢得更多国际中转客流，将青岛胶东临空经济示范区建设成为世界一流的“空港城”。

2. 中国—上合组织地方经贸合作示范区

中国—上合组织地方经贸合作示范区地处青岛胶州，规划建设面积60平方公里（前期设立境内物流贸易先导区10.4平方公里），是目前中国唯一以“上合组织”命名的经贸合作示范区。它的发展目标是，对接新亚欧大陆桥和泛亚铁路大通道，建成以“上合组织”国家为背景，西联中亚欧洲、东接日韩亚太、南通东盟南亚、北达蒙俄大陆，辐射整个亚欧大陆的多元经贸合作新高地，为国家“一带一路”倡议提供重要支点。

为实现上述目标，需要重点做好如下工作。一是充分认识中国—上合组织地方经贸合作示范区建设的战略意义，突破将之囿于“产业园区”“物流

---

① 4F级机场是目前等级最高的一种机场。机场等级通常用“数字+字母”表示，数字表示跑道长度；字母表示能起飞和降落的飞机翼展和轮距，从A到F越往后越大。

② 第五航权，亦称第三国运输权，是指一个国家或地区的航空公司在经营某条国际航线的同时，获得在中途第三国装载客、货的许可，被允许在中途经停，并且上下旅客和装卸货物。第五航权与前几类航权相比，内容最丰富、最具经济实质意义。它突破航权对等原则的约束，相当于允许他国飞机获得本国与第三国之间的航线客源与货源，让本国航空公司飞往第三国的航线客源与货源受到分流与竞争。

通道”的局限性，从区域经济乃至地缘经济角度发挥其“战略支点”的作用[①]。二是借鉴上海等自贸试验区推进制度创新、机制变革的经验，建立新型海关监管模式，突破海铁联运、公铁联运、空海联运、空铁联运过程中的各种掣肘，打造多式联运国际性物流枢纽。三是建设面向“上合组织”国家的“双区互动”投资体系，吸引外国企业到中国兴建产业园区，支持本土优势企业到境外建设经贸合作区和产业园，努力将中国—上合组织地方经贸合作示范区建设成为服务亚欧大陆桥沿线国家，乃至东北亚地区的对外开放新高地。

3. 跨区域口岸之间的“协作联盟”

根据担纲“长江以北地区国家纵深开放重要战略支点”，推动全域发展的需求，青岛应积极推动跨区域口岸间“协作联盟”的建设。近期需重点推进的工作有以下几项。一是依托胶东国际机场开通新的中转联程国际航线，充分释放4F级国际机场发展潜能，争取国际航空枢纽港地位。二是与内陆城市联手建设国际物流平台，共同打造“无水港”，助推内陆地区对外投资和对外贸易的自由化、便利化。三是发挥海港和空港优势，申办具有特殊功能的“指定口岸”，增强青岛口岸对进出口贸易和国际经济合作的综合支持功能。四是助推半岛城市群优势产业链整合，提升本地产业配套水平，支持主辅产业无缝隙协作，以口岸平台的“协作联盟”助推区域经济转型升级。

此外，应加快建设青岛国际航运贸易金融中心和国际创新服务中心，推动航运、贸易、金融紧密合作，创新口岸服务机制，完善跨区域口岸间“协作联盟”的政策环境，创建通达性更好、服务性更强、监管更科学的口岸管理新体系。

三 优化和拓展青岛口岸功能的推进措施

未来一个时期，青岛应从充分发挥“长江以北地区国家纵深开放重要战略支点”作用的要求出发，围绕口岸功能的优化和拓展，重点采取如下几项推进措施。

---

① 苏宁：《“一带一路”沿线新兴发展节点的功能认知与发展策略》，《当代世界》2017年第7期。

（一）打通陆海通道，培育区域经济开放发展的“桥头堡”

为充分发挥面向世界开放发展的“桥头堡”作用，青岛应突破各种羁绊，积极创建“米字形”对外开放新格局。这一格局的基本构想是，“向西”，依托新亚欧大陆桥，建立地方经贸合作全球化新平台；“向南”，借助海上丝路各支点，形成连接南方沿海各城市与东南亚国家的新经济网络；“向北”，依托中蒙俄等国际经济合作走廊，形成连接上合组织国家的新经济合作圈；“向东”，连接日韩等国城市群，为东北亚地区经济繁荣注入新活力（见图3）。

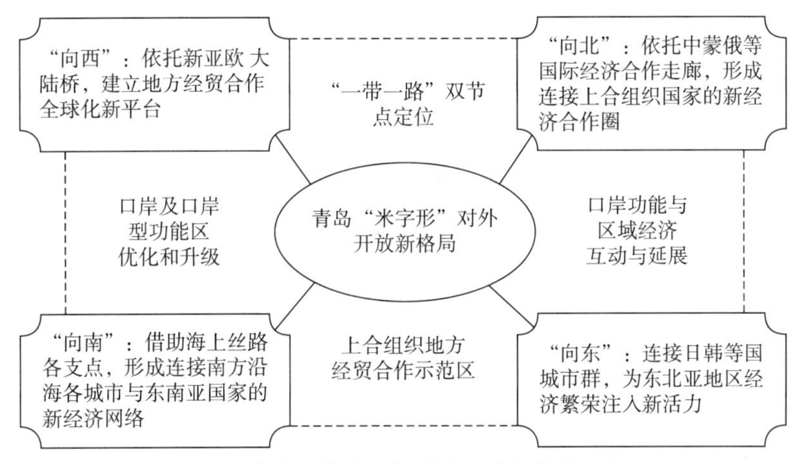

图3　青岛“米字形”对外开放新格局示意

为实现上述战略布局，近期需要开展如下几项重要工作。

（1）发挥青岛“多港一体化”“多式联运”综合优势，有效整合运力资源，进一步提升中亚班列、中欧班列、中蒙班列、东盟专列等国际班列开通密度，不断深化与“上合组织”国家在海外仓建设、物流运输等领域的合作，促进依托新亚欧大陆桥、面向“上合组织”国家的经贸合作更加便利化。

（2）开通青岛至马来西亚关丹港、孟加拉国吉大港等港口的集装箱直达航线，加强与缅甸皎漂港、巴基斯坦瓜达尔港等港口的合作，打通“青岛—东南亚—印度洋”海上通道，以畅达的海上航线和多点支撑的港口合作为基础，打造“海上丝路”合作的可靠“支点”。

（3）高度重视“西欧—东北航道—白令海峡—北太平洋—青岛港”成为西欧与东北亚之间距离最短、最安全航线的意义，突破船舶装备和相关设施束缚，把握中俄合作开辟北极航道、共建“冰上丝绸之路”的重要契机，做好新航线开通准备，分享新航线带来的各种红利。

（二）强化“多港联动”效应，发掘对外开放的优势资源

借鉴迪拜等城市积极推动“多港联动”协同的经验，充分发挥拥有国际一流海港和空港的综合优势，通过综合保税区（自贸试验区或自由贸易港）、物流大通道及经济区域范围内不同城市之间的联盟和协作，形成“多港联动”协同效应①，对于青岛增强口岸经济延展效应，助推区域经济高质量开放发展具有重要意义。就现实情况而言，目前青岛应首先做好如下几项推进工作。

（1）进一步完善优势突出的海港与铁路港、公路港、航空港、内陆无水港联动的口岸网络，突破纵深开放战略实施过程中的各种制度性羁绊和技术类屏障，创建国内一流的高等级、高水平综合服务口岸。

（2）积极推进胶东国际机场转场运营和胶东临空经济示范区建设，借鉴国内先进机场和临空经济区建设的经验，打造面向日韩、辐射国际的门户机场、国际航运中转枢纽，创建具有国际先进水平的航空集疏运体系。

（3）借鉴深圳口岸建设与临港、临空经济建设协同发展经验，推动青岛综合保税区功能向董家口港区、国际邮轮母港、胶东临空经济示范区、中国—上合组织地方经贸合作示范区延伸。同时，做好城阳流亭机场搬迁后拟建的“中日韩自贸试验区”的建设预案②。

（4）以胶州青岛铁路中心站（集装箱铁路物流中心）为依托，发挥多港合作、陆海联运、公铁联运优势，推广“集拼集运”模式，拓展新的航路航线，不断完善集疏运体系和服务网络，打造面向东北亚地区的集装箱物流中枢③。

（三）完善口岸服务体系，增强青岛服务全球的能力

口岸既是对外开放的前沿阵地，也是体现城市服务效能的窗口。深化包

---

① 尹纯建、罗润三、石学刚、崔华春：《多港联动协同对区域航空物流发展影响研究——以迪拜为例》，《综合运输》2016 年第 8 期。

② 规划中的“中日韩自贸协定示范区核心区”，将依托青岛环海经济技术开发区升级及流亭机场转场后的“未来之城”部分片区建设。布局将按“一区两城”展开：“一区”即核心区，拟建设中日韩国际消费中心、中日韩产业促进中心和中日韩商务交流中心；“两城”即韩国生态城和日本创新城。

③ 青岛铁路中心站是全国规划的 18 个特大型铁路集装箱中心站之一，也是全国货运场站网络的重要组成部分。目前，该中心站不仅顺利开办了过境货物、进出口货物运输业务，而且开通了经霍尔果斯至中亚、西欧的国际货运班列，其多式联运优势已经逐渐凸显出来。

括“通关一体化”在内的口岸服务体系建设，打造具有全球影响力的口岸服务示范区，推动口岸安全、高效、立体化运行，对于营造国际化、法制化的营商环境，促进“陆海互济”“多港联动”“岸城协同”具有重要意义。为此，青岛需在如下几个方面进一步加强口岸服务体系建设。

(1) 强化海关、国检、税务、外汇、边防等相关口岸管理部门的分工协作，根据青岛口岸功能优化和拓展的需求，积极探索联合审批、并联审批和“互联网+监管”等新的口岸管理模式。完善口岸管理部门的绩效考评和监督检查体系，激发各个口岸管理部门建设“大口岸”、推进“大通关”、促进“大开放”的积极性、主动性和创造性。

(2) 根据国家纵深开放的战略需求，健全和落实口岸突发事件的应急联运机制，做好应急处置预案，探索口岸分级管理、动态管理的新体制、新模式，强化口岸的全领域、全过程、全时空安全防范和管控，全面提升青岛口岸治理的精准化、现代化水平。

(3) 完善半岛城市群内部各个城市的口岸规划和统筹，优化全域范围的口岸功能布局。借助现代信息技术手段，推动青岛口岸与烟台、威海、日照、潍坊等城市口岸的密切合作，创建口岸服务和监管、监察“一体化”系统，逐步实现各个口岸之间相互支持、相互配合和协同作业。在条件成熟时，进一步推动青岛港与辽宁省、江苏省、浙江省若干重要港口之间的有效协同和协作。

(4) 争取将胶东国际机场纳入中国民航世界级机场群发展战略，进一步提升胶东国际机场在全国交通体系中的地位，提高其连接欧美的洲际航线直飞的频率和密度，努力将其打造成为世界知名的国际枢纽机场、太平洋西岸重要的国际枢纽空港；积极推进半岛城市群县域以上的城际铁路规划并争取尽早实施，加快构建青岛都市圈轨道交通网络；争取率先建设时速600公里的青岛到济南、北京的磁悬浮列车，助推区域经济的紧密协作和一体化；加快济青高铁、潍莱高铁和青盐高铁、董家口疏港铁路的建设，支持青岛建设沿海高铁枢纽节点、完善“扇形”高铁发展格局，不断丰富和完善“南北通达”“东西贯通”的枢纽型交通网络①。

① 青岛楼虫：《青岛高铁大格局之“米字型”高铁网》，http://www.qindaosou.com/news/bend/20181226，最后访问日期：2019年6月17日。

（四）推动“四大”领域改革，凝聚青岛口岸支持国家纵深开放的“底气”

青岛是国务院批复确定的国家沿海重要的中心城市和滨海度假旅游城市，是国际性港口城市、国家历史文化名城。青岛还是一个典型的外向型经济城市，是海外商贾和游客出入中国的主要口岸，也是国务院正式批准的口岸功能最为集聚的城市之一。目前，已有超过 1/3 的世界 500 强企业落户青岛。未来一个时期，青岛要想成功担纲“长江以北地区国家纵深开放重要战略支点”功能，需要在充分发挥现有优势基础上，进一步推动“四大”领域改革。

（1）支持青岛港本土优势企业以提升跨国经营指数为突破口①，在全球布局产业链，增强青岛品牌、技术和服务的全球知名度、美誉度。推动青岛港与烟台港、威海港、日照港等重要港口的合作，支持“港口联盟”等新产业组织的建设，进一步增强半岛城市群应对全球港口资源整合的竞争能力。

（2）借国有企业“混改”的东风，加快国有资产证券化进程，支持国内外行业巨头入驻青岛、参与“混改”；支持民营经济踊跃进入各类“新开放”领域，不断增强自身的竞争实力，形成国企和民企比翼齐飞的新局面；支持央企、省企、外企和有实力的民企，将青岛本土企业纳入采购链、产业链，以有效整合的产业链优势，提升青岛制造业和服务业的价值链，提升口岸经济的支撑力量。

（3）通过互建跨界合作平台方式，将相关口岸功能区前置，创造最佳的对外投资和对外贸易便捷条件，延展青岛口岸对内陆地区的服务功能，提升青岛口岸协作城市口岸服务的便利化水平，将青岛口岸的区位优势转变为国家纵深开放战略背景下的“腹地”优势，发挥青岛口岸“撬动”区域经济发展的“支点”作用。

（4）根据人民币加入 SDR② 货币篮子后，资本项目对外开放程度不断

---

① 据有关资料反映，中国跨国公司 100 强跨国指数平均为 13.66%，而全球跨国公司 100 强跨国指数在 62% 以上。另外，以对外投资占 GDP 的比重来衡量，2016 年全球平均水平为 34.6%，发达国家与发展中国家的相应数字为 44.8% 和 19.8%，中国仅为 11.4%。

② SDR 英文全称为 Special Drawing Right，译为特别提款权。SDR 最早发行于 1969 年，是国际货币基金组织根据会员国认缴份额分配的，是用于偿还国际货币基金组织债务、弥补会员国政府之间国际收支逆差的一种账面资产。自 2016 年 10 月 1 日起，人民币正式加入 SDR 货币篮子，并成为其中唯一新兴经济体货币。

加深的新情况，先行先试，进一步扩大跨境人民币贷款和结算试点范围，划定特殊监管区域，试行人民币与周边国家货币资金的双向流通机制。发挥青岛国家级财富管理金融综合改革试验区的优势，创建支持口岸经济发展的口岸金融服务体系，充分满足现代国际航运中心建设的需求，全面提升青岛口岸服务全球的能力。

Optimizing and Extending the Functions of Ports in Qingdao to Promote the Opening up to the World

Li Li[1] ,*Liu Aihua*[2] ,*Liu Kai*[3]

(1. *Qingdao University of Science and Technology*, *Qingdao*, *Shandong*, *266000*, *P. R. China*; 2. *Shandong Vocational College of Foreign Trade*, *Qingdao*, *Shandong*, *266000*, *P. R. China*; 3. *Qingdao Hotel Management Vocational and Technical College*, *Qingdao*, *Shandong*, *266000*, *P. R. China*)

Abstract: The functions of the ports play an important role in the regional economic development. Optimizing and extending the functions of the ports can proceed along the following lines: (1) to establish the free trade zones to prior to pilot; (2) to found the characteristic ports to innovate the service system; (3) to integrate the competitive resources in the whole country to augment the additional functions of the ports. To achieve the above objectives, some solutions must be guaranteed, including breaking through the channels between oceans and continents to cultivate the "Bridge Head" of the regional economic development; strengthening the "port-port" linkages to develop the competitive resources; improving the service system of the ports to promote the service position of Qingdao City; and pushing forward the changes in some fields to make the ports in Qingdao more supportive of the "Opening up Policy" of the country.

Keywords: Port; Port Economy; the Function of the Port; the Port in Qingdao; the New Height of the Opening up

（责任编辑：孙吉亭）

北极航道开发与“冰上丝绸之路”建设的关系及影响*

杨振姣　王　梅　郑泽飞**

摘　要　随着全球气候变暖，海冰消融，北极的战略地位和资源价值凸显。各国纷纷参与北极航道开发，以期更好地进入北极并获取北极利益。2017 年，中俄正式提出合作共建“冰上丝绸之路”，使北极航道开发进入一个新征程。北极航道开发与“冰上丝绸之路”建设关系密切、相辅相成。北极航道开发对“冰上丝绸之路”建设影响深远，应抓住机遇、克服挑战，促进北极航道开发，为“冰上丝绸之路”建设奠定基础。开发北极航道、建设“冰上丝绸之路”符合世界各国的共同利益，相关国家应搁置争议、加强合作，推动构建更加紧密的“海洋命运共同体”。

关键词　北极航道　“冰上丝绸之路”　“一带一路”　海洋命运共同体　北极治理

随着全球气候变暖，北极冰雪加速融化，北极的海洋特性显现。北极问题实际上是海洋问题，北极资源、北极航道可以说是特殊地区的海洋资源和

* 中国海洋发展研究会基金项目“北极航道开发对冰上丝绸之路的影响及中国应对研究”的（CAMAJJ201804）阶段性成果。

** 杨振姣（1975～），女，中国海洋大学国际事务与公共管理学院教授，主要研究领域为极地安全与政治、海洋政策、海洋生态安全。王梅（1983～），女，中国海洋大学国际事务与公共管理学院 MPA 专业 2016 级专业硕士研究生，主要研究领域为大企业税收风险管理。郑泽飞（1993～），女，中国海洋大学国际事务与公共管理学院 2015 级土地资源管理专业研究生，主要研究领域为海洋国土资源管理。

海上运输通道。随着不断“升温”，北极问题越来越多。各国应以“海洋命运共同体”理念为指导，推进北极治理。北极航道开发是一个具体的北极海洋治理问题，面临巨大的机遇与挑战。在此背景下，中俄两国提出合作开发北极航道和共同建设“冰上丝绸之路”。了解和掌握北极航道开发与“冰上丝绸之路”建设的关系，是促进北极航道开发和“冰上丝绸之路”建设的前提。各国应认识到世界已经被海洋联结为一个整体，应本着平等协商、合作共赢的原则参与北极航道开发，同时积极参与“冰上丝绸之路”建设。只有这样，才能构建一个公平合理的“海洋命运共同体”。

一 “冰上丝绸之路”的提出

（一）“冰上丝绸之路”建设的提出背景

2019 年 4 月 23 日，习近平主席在青岛集体会见应邀出席中国人民解放军海军成立 70 周年多国海军活动的外方代表团团长时，首次提出“海洋命运共同体”的重要理念①。海洋占地球总面积的 70% 以上，地球不是被海洋分割成一个个孤岛，而是被海洋联结成命运共同体，各国人民安危与共。北极地区绝大部分是被冰层覆盖的海洋，北极问题归根结底是海洋问题，北极航道开发是北极海洋治理的一个重要议题。现有的地缘政治理论、全球治理理论已不再适应北极海洋治理和资源分配的新需求，“海洋命运共同体”理念则能够更好地指导北极海洋治理机制的运行。各国应走合作开发北极航道之路，携手应对各类北极海洋问题，合力治理北极海洋。

“冰上丝绸之路”是“一带一路”建设的重要组成部分。2013 年 9 月和 10 月，习近平主席在出访中亚和东南亚国家期间，先后提出共建“丝绸之路经济带”“21 世纪海上丝绸之路”的重大倡议。6 年多来，共建“一带一路”倡议得到越来越多国家和国际组织的积极响应，受到国际社会广泛关注，影响力日益扩大②。共建“一带一路”倡议以政策沟通、设施联通、贸易畅通、资金融通和民心相通为主要内容扎实推进。2017 年 5 月，首届

---

① 《人民海军成立 70 周年　习近平首提构建“海洋命运共同体”》，http://www.qstheory.cn/zd-wz/2019-04/24/c_1124407372.htm，最后访问日期：2019 年 5 月 5 日。

② 《共建“一带一路”倡议：进展、贡献与展望》，中国一带一路网，https://www.yidaiyi-lu.gov.cn/zchj/qwfb/86697.htm，最后访问日期：2019 年 4 月 22 日。

“一带一路”国际合作高峰论坛在北京成功召开，国家发展改革委和国家海洋局联合发布《“一带一路”建设海上合作设想》，经北冰洋连接欧洲的海上贸易和运输通道首次在政府的正式文件中被提出。

（二）“冰上丝绸之路”建设的现状

在中俄提出要开展北极航道合作，共同打造“冰上丝绸之路”后，“冰上丝绸之路”建设快速推进。

首先，政策的制定。2018年1月，中国政府发表了《中国的北极政策》白皮书，详细介绍了北极当前的形势与变化、中国与北极的关系、中国的北极政策目标和原则、中国参与北极的政策主张。北极形势复杂，中国作为北极事务的重要利益攸关方，应本着“尊重、合作、共赢、可持续”的基本原则参与北极事务。《中国的北极政策》白皮书明确提出“与各方共建‘冰上丝绸之路’，为促进北极地区互联互通和经济社会可持续发展带来合作机遇”。这为中国参与北极事务、建设“冰上丝绸之路”提供了政策保障。同时，中俄关于北极“冰上丝绸之路”建设的政策文件不断丰富，为开发北极航道、建设“冰上丝绸之路”提供了政策和法律保障。

其次，航运的发展。2017年8月，中远海运特运——“莲花松”轮驶抵白令海峡，通过白令海峡进入楚科奇海，正式进入北极东北航道航行。9月，该轮抵达俄罗斯圣彼得堡港。“莲花松”轮在该港卸下中国首次出口俄罗斯的3套地铁盾构机设备和部分化肥生产设备。2018年3月26日，中远海运能源参与投资和监造的中国第一艘北极破冰LNG船“弗拉基米尔·鲁萨诺夫”轮正式投入运营。该轮具有Arc7级破冰能力，可独立攻破厚度达2.1米的北极坚冰，能连续航行，被誉为“冰雪女王”[①]。该轮服务于由俄罗斯诺瓦泰克股份公司、法国道达尔公司、中国石油天然气集团有限公司、中国丝路基金在西伯利亚西部亚马尔半岛合作开发的亚马尔液化天然气项目。2018年9月，中远海运“天恩号”货轮取道北极访问欧洲。“天恩号”货轮此次北极东北航道之行全程18520公里，历时33天，船上货物为出口欧洲的近4万立方米的风电设备。

最后，北极能源的合作。北极有丰富的石油、天然气和矿产资源，开采

① 中远海运：《敢为天下先——中远海运40年里的40个“第一”（四）》，http://www.sohu.com/a/285033329_779626，最后访问日期：2018年12月27日。

难度大，需要进行国际合作。亚马尔液化天然气项目由俄罗斯诺瓦泰克股份公司、中国石油天然气集团有限公司、法国道达尔公司和中国丝路基金共同合作开发，投资金额达 270 亿美元，位于俄罗斯境内的北极圈内，被誉为“镶嵌在北极圈上的一颗能源明珠”。在亚马尔项目建设过程中，中国超过 60% 的模块和零部件是经过白令海峡、通过北极东北航道运输的，平均用时 16 天左右，比通过苏伊士运河节省近 20 天[①]。亚马尔项目是中俄共建“冰上丝绸之路”的重要合作举措，为后续发展提供了借鉴。

（三）“冰上丝绸之路”建设的意义

建设“冰上丝绸之路”意义重大，对北极资源开发、北极治理、世界经济发展都有重要影响。

第一，有助于北极能源、矿产资源的有效开发利用。北极能源、矿产资源丰富，但受限于恶劣的自然气候条件，开发困难重重。“冰上丝绸之路”是中国“一带一路”倡议在北极区域的延伸。中俄两国在“冰上丝绸之路”建设合作中，应发挥各自的优势：中国可以提供资金、技术、劳动力等要素；俄罗斯可以为中国提供参与北极能源开发利用的机会。双方应共同努力、优势互补。

第二，有利于北极航道的开发。广义的北极航道包括东北航道（沿俄罗斯海岸）、西北航道（沿加拿大海岸）和中央航道（穿越北极点）。由于西北航道和中央航道的通航条件比较差，目前所研究的北极航道通常指俄罗斯北部的东北航道。当前北极航道只能实现季节性通航，各国船只在北极航道航行成本较高。一方面，在北极航道航行需要高昂的引航费；另一方面，北极航道沿岸基础设施不完备，航行难度极大。在“冰上丝绸之路”建设过程中，俄罗斯具备先进的破冰船技术，可以为中国船舶提供破冰引航服务；中国可以投资北极航道沿岸基础设施建设，为后续发展奠定基础。

第三，有助于缓解中国能源危机。中国是世界油气资源的进口大国，油气资源进口基本上来自中东地区。然而，中东地区常年战争不断，过度依赖中东油气资源容易使中国处于被动地位。若中东地区中断石油供给，中国将

---

① 彭瑶：《中俄能源合作重大项目——亚马尔液化天然气项目在俄罗斯正式投产》，http://www.china.com.cn/news/2017-12/10/content_41978506.htm，最后访问日期：2017 年 12 月 10 日。

陷入能源危机。中俄油气资源开发利用合作是“冰上丝绸之路”建设的重要内容，能为中国提供充足的油气资源供给。例如，亚马尔项目建成后，能够产出大量的液化天然气，解决中国 1/4 的液化天然气进口量，极大地缓解中国对中东地区的能源依赖。

第四，有助于带动俄罗斯北部沿海地区经济发展、文化繁荣、社会进步。俄罗斯北部沿海地区由于纬度高，气温常年较低，不利于开展各项经济活动，所以一直比较荒芜。中国投入大量的资金、劳动力在俄罗斯北部沿海地区进行基础设施建设和贸易往来，可刺激该地区经济发展，缓解俄罗斯区域发展不平衡的问题；同时，中俄两国保持良好的战略合作伙伴关系，有利于促进两国人民互通往来、加深两国人民之间的友谊、促进中俄文化融合。

第五，可促进国际贸易运输业发展。海运由于运输量大、运费低的特点，是国际贸易的主要运输方式。当前，世界上主要的海运通道是经马六甲海峡或巴拿马运河的传统航道。“冰上丝绸之路”建设的主要内容是开发北极航道。北极航道通航将为世界贸易运输提供新的选择，将促进世界航运格局的改变和国际贸易运输业的发展。

第六，可拓展中国“一带一路”倡议路线。“冰上丝绸之路”建设由中俄两国共同提出，旨在与沿线国家积极展开合作，促进沿线地区经济发展、文化繁荣、社会进步。“冰上丝绸之路”建设不应局限于北极航道东北航线，还应不断拓展西北航线、中央航线。“冰上丝绸之路”建设的合作主体并不局限于中国和俄罗斯。中国愿与各方共建“冰上丝绸之路”，促进世界范围内的合作，拓展“一带一路”倡议路线。

二　北极航道开发的机遇与挑战

全球气候变暖使北极地区的资源开发成为可能，促使各国对北极地区的发展越来越关注。北极航道是随着气候变暖而不断被开发的一项重要的北极资源。近年来，北极航道开发的潜力不断凸显，然而面临的挑战也十分严峻。促进北极航道开发，必须明确其面临的机遇与挑战。

（一）北极航道开发的机遇

世界经济发展离不开国际贸易，而海上运输是国际贸易最主要的运输方式。北极航道连接着欧洲、亚洲、北美三个主要的世界贸易中心。北极航道开发可以促进三个区域的国际贸易发展，进而带动全球经济发展。近年来，北极航道开发面临巨大的机遇，主要表现在以下四个方面。

1. 全球气候变暖，海冰不断消融

近年来，世界各地高温天气普遍增多，就连北极圈内地区也出现 30℃ 以上高温，全球气候变暖已成事实。国际气象组织、各国气象管理机构时刻关注气候变化问题，通过使用各类高端气象监测设备，获取气候变化数据，以证明全球气候变暖的事实。根据中国气象局国家气候中心的监测，北极圈内一些气象站监测到气温超过 30℃，其中，挪威和芬兰分别出现了 33.5℃ 和 33.4℃[①]。

气候变暖在北极地区的一个显著表现就是海冰不断消融。有数据和研究显示，1979 年以来，北极海冰的覆盖范围已经缩小 40%。专家预测，在 2030～2050 年，北冰洋可能在夏季出现完全无冰的状态[②]。全球气候变暖加快了北极海冰消融速度，北冰洋沿岸水域表面冰层融化为北极航道通航奠定了基础。

2. 北极地区蕴含的丰富资源促进了北极航道开发

除了航道资源外，北极还蕴藏着丰富的矿产资源、能源资源、渔业资源、生物资源、旅游资源。但由于特殊的自然气候条件，这些资源长期被冰雪封盖。一直以来，人类难以进入北极并开发、开采其丰富的资源。然而，近年来全球气候变暖、海冰消融，为人类进入北极并开发其资源提供了条件。首先，北极是一个巨大的矿产资源宝库。俄罗斯北极圈金刚石、铂族元素和镍矿的产量分别占其总产量的 99%、98% 和 80%，铬、锰和金产量分别占其总产量的 90%、90% 和 40%[③]。其次，北极地区能源资源也很丰富，包括煤炭、石油、天然气等不可再生资源，以及风能、水能、潮汐能等可再生清洁能源。据初步调查，北极地区拥有世界约 9%（大约 4000 亿吨）的煤炭资源[④]。北极地区渔业资源丰富，拥有大量的鳕鱼、鲸鱼、鲑鱼、比目

---

① 邱晨辉：《北极圈现超 30℃ 高温　全球多地“高烧”引关注》，《中国青年报》2018 年 8 月 6 日。

② 刘亮：《北极海冰加速消融　全球变暖成就“冰上丝绸之路”》，http://news.cctv.com/2018/09/29/ARTIfvg2IrH6kERY3fmzNET1180929.shtml，最后访问日期：2018 年 9 月 29 日。

③ 聂凤军、石成龙、赵元艺、李振清：《北极圈及邻区金属矿床地质特征、形成作用与找矿潜力》，《中国地质》2012 年第 4 期。

④ 张恒学：《北极 Svalbard 群岛煤炭资源开发环境生态效应研究》，硕士学位论文，山东师范大学，2013。

鱼等。据统计，近年来北极海域渔业捕捞量占全球捕捞量的 8% ~10%[①]。再次，北极是一个完整的生态系统，生物种类繁多且具有独特性，对保护地球生物多样性具有重要意义。具有代表性的北极生物包括鲸鱼、海鸟、海象、海豹等海洋动物，北极熊、北极兔、北极狐、北极狼、北美驯鹿、麝牛等陆地动物，苔藓、灌木等高寒区域植物，以及海洋浮游植物、微生物等。北极生物资源是地球生态系统的重要构成要素。必须合理开发利用北极生物资源，维护地球生态平衡。最后，北极地区具有独特的自然风光，吸引人类前往。北极旅游项目包括观赏冰山峡湾等奇特地貌景观，观赏极光等奇特气象景观，观赏北极特有动物（如北极熊、北极狐等），以及参观科考站、进行滑雪等娱乐活动。丰富的资源使北极地区受到世界各国的普遍关注，促使各国积极寻找机会参与北极资源开发开采活动。然而，开发利用北极各种丰富的资源需要完善的基础设施，包括港口设施、破冰船等，这些都是开发北极航道的前提。

3. 国际社会对北极航道开发的投入增加

北极航道开发需要克服恶劣的自然气候环境，需要充足的资金和高超的科技作为支撑。全球气候变暖使北极不断受到国际社会的高度关注。北极地区蕴藏的丰富资源极大地吸引着世界各国走向北极、积极寻找机会参与北极事务，以期更方便地开发和开采北极资源，从而从北极地区获取利益。为了更好地从北极地区获取资源，国际社会加大了其在北极地区的投入，特别是对北极航道开发的投入。

一方面，国际社会加大了北极航道开发的技术投入。当前北极航道海域海冰并未完全融化，只有俄罗斯沿岸东北航道海域的海冰在夏季出现大约一个月的短暂无冰期。只有在无冰期通航北极航道，才不需要破冰船服务，否则在有冰层覆盖的时候航行必须有专门的破冰船提供破冰服务。考虑到北极地区丰富的矿产、能源、生物资源，相关国家相继进行破冰船研究，不断创新科技水平，提高破冰船技术。谁掌握了先进的破冰船技术，谁就掌握了开发利用北极航道的先行权。当前，拥有最先进的核动力破冰船的国家是俄罗斯，其在北极航道的东北航线具有主导地位。国际社会认识到破冰船技术对北极航道开发的特殊意义，不断加大技术投入，为北极航道开发开辟道路。此外，海上航行还受天气状况的影响，大风、暴雨或冰雪天气会阻碍船舶航

① 北极问题研究编写组：《北极问题研究》，海洋出版社，2011。

行、增加航行难度、威胁航行安全。因此，准确预测和预报海上天气状况对船舶航行具有重要作用。国际社会认识到天气状况对北极航道开发的重要性，纷纷进行科学研究，完善北极地区气象监测体系，创新气象监测技术，不断提高天气预报的准确性，从而保证北极航道内船舶的安全性。

另一方面，国际社会加大了北极航道开发的资金投入。北极航道沿岸地区所处纬度较高，一年四季大多时候比较严寒，所以这些地区人烟稀少，社会经济发展落后，基础设施建设不足。随着北极“升温”，许多国家认识到北极的重要价值，纷纷参与北极事务，加大资金投入进行北极开发，特别是航道开发。首先是北极航道沿岸国家，如俄罗斯、加拿大等国家，加大资金投入建设本国的基础设施，以便更好地宣誓对北极航道的主权、更好地开发利用北极航道；其次是北极域外地区（如日本、韩国、中国、英国、欧盟等）也纷纷与北极沿岸国家合作，投资合作方的基础设施建设，寻求进入北极的机会。此外，许多国家增加了科研资金投入，鼓励和支持国内专家、学者积极开展北极相关研究，促进本国对北极航道的认识与了解，提高高寒地区的设备适用性和海上航行技术，为本国参与北极航道开发提供支持。国际社会对北极航道开发投入的资金、技术是北极航道开发的强大支撑。

4. 北极航道能够弥补传统航道的缺点

传统航道是相较于北极航道而言的，多指从东亚地区经海上运输到达欧洲、北美洲东部地区的航道。从东亚到欧洲的航道，要经过南海，穿过马六甲海峡，进入印度洋，经苏伊士运河进入地中海，最后到达欧洲；从东亚到达北美洲东部的航道，需要穿越太平洋，经过巴拿马运河，然后到达北美洲东部。若北极航道实现通航，从东亚，只需北上，穿过白令海峡，进入楚科奇海，经过俄罗斯北部的东北航道就可到达欧洲；从东亚，只需穿过白令海峡，进入波弗特海，经过加拿大北部的西北航道就可以到达北美洲东部地区。

传统航道是当前国际贸易的主要航道，但是存在诸多缺点。一方面，传统航道的安全性不足。首先，传统航道历来海盗猖獗，过往船只经常被打劫，船只人员的生命安全和财产安全受到严重威胁；其次，传统航道所经过的地区多为政治高敏感区域，会受到沿岸军事战争的影响。另一方面，传统航道航线较长，运输成本高。首先，传统航道曲折蜿蜒，航线长度是北极航道航线的 2～3 倍，相应的海上航行天数也多，导致船舶燃油费、船员生活费增加，加大了运输成本；其次，传统航道航线需要缴纳较高的船舶通行费、保护费等各项费用，增加了航行成本；最后，传统航道过往船只较多，航运繁忙，经常发生船只堵塞问题，严重影响了航运的效率，增加了航运成本。

相较于传统航道，北极航道能够避免以上问题。如果北极航道实现通航，将有效弥补传统航道的不足。首先，北极航道航线长度比传统航道航线缩短一半左右，既可节省船舶燃油，又可减少船员的各项费用，大大降低运输成本；其次，北极航道不存在海盗问题且航道沿线没有军事战争，确保了航行的安全性；最后，北极航道不存在拥堵情况，能够提高航道运输的效率，而且北极航道开通将大大缓解传统航道的拥堵问题，解决船舶海上滞留问题，节约成本。鉴于北极航道的诸多优点，国际社会积极参与北极航道开发。

（二）北极航道开发的挑战

尽管北极航道开发具有巨大的潜力，但北极航道的通航仍然面临巨大的挑战。影响北极航道开发的主要因素包括自然气候环境、人类科学技术水平、北极航道航运成本、北极航道沿线基础设施、北极航道法律地位、北极航道安全形势等方面。

1. 北极地区自然气候环境恶劣

北极地区是指北极圈以北的区域，包括北冰洋沿岸陆地、北冰洋海域以及其中的岛屿。北极地区受太阳直射较少，形成严寒的气候环境特征。北冰洋海域常年被冰雪覆盖，且冰层极厚，船舶通航困难。虽然近年来全球气候变暖，北极海冰有所消融，北极部分海域出现夏季无冰现象，北极航道得以实现季节性通航，但是仍然改变不了北极恶劣的自然气候环境。虽然夏季北极航道出现无冰期，却迎来剧烈的暴风雨天气。这种极端天气在北冰洋海域极为常见且难以预测，严重威胁在北极航道航行的过往船只安全。在其他季节，由于北极处于地球最北端，所以北极航道会被冰雪覆盖，并且随着太阳直射点的不断南移，冰雪不断加厚。太阳直射点的南移还会导致北极地区黑夜时间延长，白天时间缩短，加大北极航道航行的难度。北冰洋海域常年不化的海冰，北极航道恶劣的冰情，常见的暴风雨、暴风雪等极端天气，短暂的白天和漫长的黑夜，以及难以预测和解决的其他问题是影响北极航道开发的主要自然气候环境因素。

2. 人类科学技术水平有限

受极端寒冷的自然气候条件限制，人类开发北极和南极的程度较低。第一，人类科技还不足以准确预测北极地区暴风雨、暴风雪等极端天气，而天气情况对海上航行具有重要影响，关系着海上航行的安全与航行决策。第二，应对北极地区恶劣天气的技术还不成熟。当船舶在海上突然遇到极端天气时，人类科技难以有效应对极端天气对航行船只的影响。第三，北极地区海上灾难救援难度大。船只在撞上冰山、暗礁等难以预测的危害而发生灾难时，往往由于救援速度慢、救援手段落后等原因而遭受巨大损失。第四，人类对于北冰洋海域情况的探测技术有限。过往船只安全通航是北极航道通航的基础，但是由于北冰洋恶劣的自然气候环境，人类难以准确探测北冰洋海域内的冰上、暗礁等隐性危害，从而会造成难以避免的海难。第五，人类破冰技术尚不成熟。北冰洋海域常年被冰雪覆盖且冰盖较厚，在北极航道航行需要较高的破冰技术，而人类破冰技术还比较弱，不利于北极航道的持续开发。

3. 北极航道航运成本高

相比于传统航道，北极航道具有航程短、安全性高的优势。与传统欧亚航道相比，地处极地海域的北极航道在总体安全性方面更具优势。在北极航道航行的船舶不仅可以避开海盗猖獗的亚丁湾海域、东南亚地区海域，而且可以绕过目前政治和安全形势复杂的波斯湾地区。同时，由于航道总体通航密度不会太高，因此船舶在航行过程中发生碰撞的可能性较低，总体的航行安全性更高①。但是北极航道自然气候条件恶劣，冰区常年存在，因此会产生高额破冰引航费用。此外，即使在夏季无海冰季节全线通航、无须使用破冰船的情况下，北极东北航道的运输成本也高于传统运输线路②。北极航道运输成本高导致各国开发北极航道的积极性受限，不利于北极航道的开发。

4. 北极航道沿岸基础设施落后

北极地区经济发展滞后。相较于发达地区，北极地区显得比较荒凉。气候变暖为北极航道沿岸地区发展带来机遇，但是落后的基础设施条件限制了北极航道的开发。首先，北极航道沿岸港口设施缺乏，在北极航道航行的船只停靠困难。这加重了航运难度，不利于吸引各国船只航行于北极航道。另外，船舶停靠机会少，间接导致沿线地区货物运输量减少，不利于北极沿线

① 澎湃新闻：《“北极航道”大热背后的冷思考》，http://www.chinaports.com/portlspnews/a6713c8c-8cd1-4507-84ce-dc695ff51662，最后访问日期：2018年10月26日。

② 朱显平、张毅夫、И. Н. 贺梅利诺夫：《贯彻十九大精神 打造“冰上丝绸之路”——吉林大学——俄罗斯军事科学院“冰上丝绸之路”研讨会笔谈》，《东北亚论坛》2018年第2期。

地区的经济发展。其次，北极航道沿线城市服务设施缺乏。北极航道沿线地区人烟稀少，社会发展落后，城市规模较小，餐饮、住宿、购物、通信、旅游等服务业不发达，相关基础设施落后，不利于满足通航船只的需求。最后，北极航道沿线能源开采项目的配套基础设施不完备。以亚尔马液化天然气项目为例，北极航道沿线缺乏可以运输液化天然气的港口设施，缺乏开发开采液化天然气的场地设施，缺乏工作人员住宿、餐饮、娱乐、购物等生活设施，不利于北极航道沿线的资源开发开采合作。

5. 北极航道法律地位不明确

世界各国对北极航道法律地位的认识比较模糊。一种观点认为北极航道属于国际海峡，另一种观点认为北极航道是沿岸国的内水水域。沿岸国对北极航道提出主权和主权权利要求的法律依据主要有“扇形原则”“历史性权利”“直线基线法”，但均未获得国际社会普遍承认①。北极航道不同的法律地位将给各国利益带来不同的影响：如果北极航道属于沿岸国的领水，沿岸国可基于主权管辖权的需要，禁止或控制外国船只进入或通过该水域；如果北极航道属于国际海峡，沿岸国则对船舶实行过境通行或无害通过制度，且沿岸国不得停止该通行权②。

6. 北极航道安全形势不容乐观

相比于传统航道，北极航道不存在海盗、军事战争等威胁航道安全的问题，然而却在其他方面存在安全隐患。一方面，北极严寒的气候给航道航行带来极大不便。首先，低温环境对船舶的要求较高，不仅需要船舶在材料上适应在严寒水域航行，而且对船舶结构提出更高的要求。其次，北极气候多变且难以预测，缺乏准确的天气预报和对海冰的预测会对船舶航行安全产生影响。最后，在不可预测的天气状况引发海上航行事故时，气候寒冷会导致难以实施搜救工作，船舶遇难后得不到及时救援。这极大地增加了北极航道航线的安全隐患。另一方面，北极航道严峻的安全形势还体现在海洋环境污染方面。此前，由于长期被冰冻起来，与人类联系较少，基本没有人类在北极开展活动，北极环境极少受到污染，是地球上的一块净土。然而，随着北极“升温”，人类逐渐进入北极，大量人类活动在北极开展，严重污染了北极原本脆弱的生态环境。北极有大量的油气、煤炭资源，对于缓解当今世界

① 郭培清：《北极航道的国际问题研究》，海洋出版社，2009。

② 李志文、高俊涛：《北极通航的航行法律问题探析》，《法学杂志》2010 年第 11 期。

油气资源紧张具有重要意义。北极国家特别是北极航道沿岸国家依托地理位置优势，大力勘探和开发北极资源。近年来，越来越多的海上钻井平台、海上油气田出现，不可避免地破坏了北极原有的生态环境。另外，海上油气运输出现的漏油或者船舶航行产生的废气、垃圾都严重污染了北极环境，造成北极非传统安全隐患。

三　北极航道开发与“冰上丝绸之路”建设的关系及影响

北极航道开发与“冰上丝绸之路”建设关系密切，两者紧密联系，相互促进。“冰上丝绸之路”建设意义重大，对俄罗斯和中国的发展乃至世界各国的发展都具有重要影响。厘清北极航道开发与“冰上丝绸之路”建设的关系，掌握北极航道开发对“冰上丝绸之路”建设的重要影响，可以促进两者共同发展。

（一）北极航道开发与“冰上丝绸之路”建设的关系

北极航道开发与“冰上丝绸之路”建设相辅相成。北极航道开发是“冰上丝绸之路”建设的基础，“冰上丝绸之路”建设助力北极航道开发。

1. 北极航道开发是“冰上丝绸之路”建设的基础

只有北极航道开通，“冰上丝绸之路”才能长远发展。当前，中国与俄罗斯所倡导共建的“冰上丝绸之路”因受制于北极恶劣的自然气候环境与有限的科学技术水平，而局限于北极航线的东北航道，仅连接了东亚和西欧两个经济中心。“冰上丝绸之路”是中国“一带一路”倡议的重要组成部分。中国倡导与各方共建“冰上丝绸之路”，因此“冰上丝绸之路”建设的合作对象不应只包括俄罗斯，还应该包括加拿大、丹麦、挪威、美国等环北极国家。“冰上丝绸之路”建设除了借助北极航道东北航线外，还应拓展到西北航线，从而连接东亚和北美两大经济中心，实现北美、东亚、西欧三大经济中心的互联互通，促进世界贸易发展。此外，在气候逐渐变暖、科技水平不断提高的前提下，还应不断拓展北极航道的中央航线，建设穿越北极点的“冰上丝绸之路”，更快地连接北半球各大经济中心。当前，北极航道的东北航线已实现季节性通航，为“冰上丝绸之路”朝俄罗斯沿岸发展提供了机遇，加快了东亚和西欧两大经济中心实现互联互通的步伐。未来，随着气候变暖的加剧和人类技术水平的提高，北极航道西北航线和中央航线的通航将为“冰上丝绸之路”朝加拿大沿岸方向发展奠定基础。

2. “冰上丝绸之路”建设助力北极航道开发

中俄两国倡导合作共建“冰上丝绸之路”，主要体现在以下几个方面。首先是能源和矿产资源方面的开发利用合作。俄罗斯邀请中国参与北极能源开采，为中国进入北极提供了条件；中国利用强大的资金优势、劳动力优势和技术优势助力俄罗斯经济发展。在北极地区合理开发资源，可以有效利用北极资源并促进北极地区经济发展，使其摆脱原本因气候环境限制而贫穷落后的局面。北极航道沿线地区经济得到发展可以促进资金流通，为北极航道开发提供资金支持。其次是在北极地区基础设施方面的合作。“冰上丝绸之路”的建设会不可避免地改善沿线基础设施，包括沿线的港口设施、合作项目所需的设施等。例如，亚马尔液化天然气合作项目要持续进行，必须在亚马尔建设液化天然气开采与加工的工厂和相关基础设施；同时为了方便液化天然气出口，还需完善沿岸港口设施建设。此外，中俄还有专门的港口建设合作——阿尔汉格尔斯克深水港的建设。阿尔汉格尔斯克深水港是俄罗斯沙皇时代开始酝酿的项目，目前被纳入《2030 年前俄罗斯交通战略》。中国保利集团和俄罗斯阿尔汉格尔斯克政府在项目实施方面已达成一致①。“冰上丝绸之路”建设中所进行的基础设施建设，为北极航道开发提供了设施保障。再次是科学技术的合作。俄罗斯拥有超前的破冰船技术。在中俄合作中，俄罗斯可以为中国船只提供引航服务，方便中国船只在北极航道的航行；中国具有在冻土地带建设高速铁路的先进技术，可以在俄罗斯北极圈范围内气候寒冷的地带建设高速铁路，不仅可以促进俄罗斯资源的出口运输，而且可以加强俄罗斯国内的交通通达度，带动俄罗斯经济发展。此外，中国和俄罗斯都还具有其他先进的技术，“冰上丝绸之路”建设将促使这些先进技术的相互交流，促进北极航道的开发。最后是在北极航道开发方面的合作。中俄两国合作共建“冰上丝绸之路”本身就包括航道开发合作。集中两个大国的力量建设“冰上丝绸之路”，可极大地助力北极航道的开发。

（二）北极航道开发对“冰上丝绸之路”建设的影响

北极航道开发与“冰上丝绸之路”建设旨在通过沿线国家开展合作，

① 刘群：《合作共建“冰上丝绸之路”》，《中国投资（中英文）》2019 年第 7 期。

促进沿线地区经济社会发展[①]。“冰上丝绸之路”建设符合北极航道沿线国家的共同利益，需要各国积极参与、共同推进，合力共建合作共赢的“北极命运共同体”。

1. 北极航道开发为“冰上丝绸之路”建设提供强有力的经济支撑

“冰上丝绸之路”建设涉及基础设施建设、北极资源开发开采、科技合作等，这些具体建设需要强有力的经济支撑，而北极航道开发有利于沿岸国家经济发展，为“冰上丝绸之路”建设提供所需经济支撑。首先，北极航道开发可疏通西欧、东亚、北美三大世界经济中心，促进北半球国家间的贸易往来，大幅度带动“冰上丝绸之路”沿线国家经济发展。以中国为例，北极航道开通后，从中国到达欧洲和北美洲东部地区的航程将比传统航道缩短一半以上，这将极大地促进中国北部沿海港口城市（如青岛、大连等）的发展，促进国内国际资源、货物向北部地区转移，形成新的产业集聚和辐射。从中国经由北极航道出口到北美、欧洲的货物增多，将刺激北部地区特别是东北地区的经济发展，振兴东北老工业基地，使其重新发展成为一个货物集散、贸易繁忙的经济中心。此外，除中国外，“冰上丝绸之路”建设沿岸的日本、韩国、俄罗斯等国也会因北极航道的开通而加大国际贸易往来，从而实现经济发展。北极航道沿线国家国际贸易繁荣，能够持续为“冰上丝绸之路”建设提供强劲的发展动力。其次，北极资源丰富，相关研究表明，北极地区未探明油气资源占全世界未探明油气资源的22%[②]。北极航道开发有利于北极地区油气、煤炭、金属矿产资源向外运输。近年来，北极国家纷纷加大了对北极资源开发开采的力度，但是由于交通不便，北极资源难以出口，不利于北极地区的经济发展。北极航道开发可改善北极地区的交通运输条件，可将北极资源运输到世界各国，极大地促进北极地区经济发展。北极航道开发将促进沿线国家间的贸易往来和北极资源的开发利用，促进当地经济发展，为“冰上丝绸之路”建设提供强有力的经济支撑。

2. 北极航道开发拓展“冰上丝绸之路”建设的范围

“冰上丝绸之路”建设不仅以发展经济为目标，还包括促进沿岸地区文化交流、政治互信等。当前，“冰上丝绸之路”建设的主要参与国家是中国

---

① 杨振姣、郭纪斐、姚佳：《北极海洋生态安全对中国“一带一路”倡议的影响及应对》，载孙吉亭主编《中国海洋经济》2017年第2期，社会科学文献出版社，2017。

② 关雪凌、杨博、刘漫与：《“冰上丝绸之路”与中俄参与全球经济治理的新探索》，《东北亚学刊》2019年第3期。

和俄罗斯[①]，建设范围也局限在俄罗斯北部的东北航道沿线。然而，“冰上丝绸之路”建设符合世界各国的共同利益，有利于推动人类命运共同体发展。因此，不应局限于东北航道沿线，还应该把西北航道沿线纳入“冰上丝绸之路”建设的范围。当前，由于俄罗斯北部的东北航道水域冰层融化快，而且已经在夏季出现无冰期，通航的自然条件比加拿大北部的西北航道好，因此东北航道的开发较为理想。然而，全球气候变暖已经成为一个既定事实，且变暖速度不断加快，因此在不久的将来，西北航道也将出现夏季无冰期，航行条件将会改善。因此北极航道开发具有阶段性，可先大力开发东北航道，气候条件改善、西北航道开发条件成熟后，可再大力开发西北航道，从而实现北极航道的全面开发。西北航道开发也面临着前所未有的机遇，潜力巨大。中俄应加强与加拿大、美国、丹麦等北极国家的合作，促进各国的经济社会发展。“冰上丝绸之路”建设是一个动态发展的过程，不应停滞在当前开发较多的东北航道沿线上，而应该随着自然气候环境的变化，扩大建设范围。

四　加快北极航道开发，推进“冰上丝绸之路”建设的对策

北极航道（东北航道）是经北冰洋连接东亚与西欧的“蓝色经济通道”。北极航道开发缩短了东亚与西欧两大经济中心的距离，对沿线经济发展、社会进步具有重要意义，是中俄合作共建“冰上丝绸之路”的重要内容。开发北极航道，推进“冰上丝绸之路”建设应从以下几个方面进行。

（一）提高科技水平，克服自然环境困难

北极自然气候环境恶劣，是影响北极航道开发与“冰上丝绸之路”建设的客观因素。

应对恶劣的自然气候环境，必须提高人类科技水平。首先，应提高北极冰情预报技术。利用卫星遥感监测，精确预报北极航道沿岸海冰分布范围、海冰厚度以及海冰持续时间等，为航行的船舶提供破冰决策信息。其次，应

① 刘广东、于涛：《中俄共建“冰上丝绸之路”的博弈分析——基于主观博弈的视角》，《太平洋学报》2019 年第 5 期。

提高北极地区天气预报技术。改善现代大气探测设备，利用高精度的天气雷达、气象卫星、风廓线雷达、闪电定位仪等设备获取北极地区气象资料，精准预测北极海域天气状况，避免因突发天气状况而造成北极航道航行危险。再次，应提高船舶设备的抗冻水平。北极气候极端寒冷，常规的船只及其所包含的仪器设备不足以抵抗低温冰冻。因此，应提高通航北极航道船舶的抗冻水平。可以在船舶的水下船壳使用特殊涂料（抗冰漆）、使用特殊低温高性能的钢材，并在船首、船尾和水下部位进行额外加厚，提高船舶的抗冻能力，从而加强其在北极航道的适用性。最后，提高破冰船技术。北极海域厚重的海冰是北极航道通航，实现东亚、西欧、北美三大经济中心互联互通的最大障碍。当前人类破冰船技术水平还不够高，而且只有较少的国家掌握破冰船技术，因此应该不断提高破冰船技术，为“冰上丝绸之路”建设扫清障碍。破冰船技术主要依靠重力和动力破冰，因此需要加大船只自重，同时使用大功率的推进器如柴油机、蒸汽机或核动力。当前各国应加大研发核动力破冰船技术①。

（二）加强沿岸基础设施建设

北极航道沿线地区人烟稀少，经济社会发展不充分，各项基础设施缺乏。建设“冰上丝绸之路”要想带动沿线地区经济发展、社会进步，需要完善沿线基础设施建设。第一，增加北极航道沿线港口码头建设，为船舶停靠、货物集散、经济贸易提供条件。在北极航道沿线的大城市建设大型的港口码头，在小城市建设小型的港口码头，满足大小城市的货物集散与贸易运输需求，并为来往船只提供货物与能源补给。第二，推动北极航道沿线城镇化建设。北极航道通航后，来往船只需要相关住宿、餐饮、医疗等服务，这些服务需要靠城镇来提供。然而北极航道沿线人烟稀少、城市较少、城镇化水平低、各类生活生产设施缺乏，难以满足北极航道通航需求。因此，应加大北极航道沿线城镇化建设，为来往船只提供相应服务，加快北极航道开发，从而促进“冰上丝绸之路”建设。第三，完善北极合作项目配套设施。例如北极有大量的油气资源，在开发油气资源的项目中，应该完善油气开发的基础设施，油气保存与运输的设施等。加强北极航道沿线基础设施建设，能够有效促进沿线城镇化发展、经济贸易发展、社会文化发展，实现“冰

---

① 沈权、赵炎平：《破冰船技术及几种破冰方法》，《航海技术》2010 年第 1 期。

上丝绸之路”建设目标。

（三）完善“冰上丝绸之路”建设的政策和法律基础

“冰上丝绸之路”由中俄共同提出，需要各国共同参与。然而，由于所处的地理位置和利益诉求不同，各国对“冰上丝绸之路”建设的态度也会不一样。可以考虑通过政府间签订相关协议等方式，维护参与各方的利益，确保合作的稳定推进①。同时各国应出台相应的政策与监督机制来保障合作项目顺利实施。此外，除俄罗斯外，中国还应该与北极其他国家展开合作，促进“冰上丝绸之路”建设。在合作中，各方应该遵守《联合国海洋法公约》《斯瓦尔巴条约》等国际条约以及当地相关法律法规。对于一些存在争议的北极事务，各方应积极进行谈判并达成相互遵守的协议；在较大合作项目上，合作方应出台具有法律约束力的文件来保障项目实施。

（四）深入中俄北极合作

当前，中俄两国建立了全面战略协作伙伴关系，合作领域极其广泛，涉及北极航道开发与利用、北极能源资源开采、北极科研考察、北极军事合作等方面。但是由于政治立场、利益诉求有所区别，两国合作深度还不够。例如，“摩尔曼斯克综合运输枢纽”计划，最早于 2001 年 12 月提出，但截至目前仍未取得明显进展②。这严重影响了中俄北极合作的效果，阻碍了“冰上丝绸之路”建设的步伐。因此，两国应该加强政治互信、经济互融、人文互通，深入合作，共同发展。一方面，俄罗斯应积极邀请中国参与其北极区域的项目，为中俄共建“冰上丝绸之路”创造机会。另一方面，中国应该多与俄罗斯建立贸易关系，增加贸易往来，促进俄罗斯北极航道沿线落后地区的发展；同时促进两国文化交流，让俄罗斯更多地了解中国文化，了解“冰上丝绸之路”建设的意义。

（五）多方合作共建“冰上丝绸之路”

中俄共建的“冰上丝绸之路”只是双边合作，而“冰上丝绸之路”建设的目的是实现各国共同发展，符合世界各国的共同利益需求。因此，中国

---

① 赵徐州：《共建中俄冰上丝绸之路》，《中国社会科学报》2019 年 2 月 27 日。

② 赵隆：《中俄北极可持续发展合作：挑战与路径》，《国际问题研究》2018 年第 4 期。

应该在与俄罗斯合作的基础上开展与北极其他国家的多边合作。一方面，应扩大合作主体。广义的“冰上丝绸之路”不仅包括经俄罗斯海域的东北航道连接东亚与西欧的“蓝色经济通道”，还包括经加拿大海域的西北航道连接东亚与北美的“蓝色经济通道”，还有穿越北极点的北极航道①。中国应扩大合作主体，把所有北极国家纳入“冰上丝绸之路”建设的合作对象，利用各国力量推进“冰上丝绸之路”建设。另一方面，应扩大合作领域。应与北极各国进行经济贸易往来，共同促进沿线国家经济发展，推进科学技术合作。总体而言，北极各国在建设“冰上丝绸之路”中各有优势：北极航道（西北航线）大部分处于加拿大海域内，加拿大具有主权优势；俄罗斯和芬兰掌握高超的破冰船技术；美国具有强大的基础设施建设能力；挪威的海洋综合管理水平较高；丹麦具有丰富的渔业资源；等等。应发挥北极国家各自优势，促进国家之间的相互合作，实现共同发展，完善“冰上丝绸之路”建设。

结 论

全球气候变暖给人类社会发展带来巨大的机遇与挑战。世界各国应该携手共进，抓住机遇，克服挑战，推动构建和谐健康的人类命运共同体。近年来，北极地区的资源价值和战略地位凸显，北极航道开发关系着北极资源能否有效开发与开采。顺应中国“一带一路”倡议，俄罗斯携手中国共建“冰上丝绸之路”。北极航道开发与“冰上丝绸之路”建设符合世界各国的共同利益。各国应该搁置争议，开展合作，构建有序的“北极命运共同体”。北极航道开发与“冰上丝绸之路”建设是相互促进、相辅相成的关系。北极航道开发是“冰上丝绸之路”建设的基础，“冰上丝绸之路”建设助力北极航道开发。当前，北极航道开发面临着自然气候环境恶劣、人类科学技术水平有限、北极航道航运成本高、北极航道沿线基础设施不完善等问题，开发北极航道、推进“冰上丝绸之路”建设还需要不断努力。

① 李振福、彭琰：《“通权论”与“冰上丝绸之路”建设研究》，《东北师大学报》（哲学社会科学版）2019 年第 4 期。

The Relationship and Impact between the Development of the Arctic Channel and the Construction of the "Ice Silk Road"

Yang Zhenjiao, Wang Mei, Zheng Zefei

(School of International Affairs and Public Administration, Ocean University of China, Qingdao, Shandong, 266001, P. R. China)

Abstract: With global warming, the Arctic sea ice melting, the strategic position of the Arctic and the value of resources are highlighted. The countries are participating in the development of the Arctic channel in order to better enter the Arctic and gain Arctic interests. In 2017, China and Russia formally proposed to cooperate to build the "Ice Silk Road", which makes the development of the Arctic waterway into a new journey. The development of the Arctic waterway is closely related to the construction of the "Ice Silk Road". The development of the Arctic waterway has a far-reaching impact on the construction of the "Ice Silk Road". It is necessary to seize opportunities, overcome challenges, promote the development of the Arctic waterway, and lay the foundation for the construction of the "Ice Silk Road". It is in the common interest of all countries in the world to develop the Arctic waterway and build the "Ice Silk Road". The countries concerned should set aside disputes, strengthen cooperation, and promote the construction of a closer "community of marine destiny".

Keywords: Arctic Channel; "Ice Silk Road"; "the Belt and Road"; Community of Marine Destiny; Arctic Governance

（责任编辑：孙吉亭）

青岛推进军民融合深度发展的对策

周　娟*

摘　要：本文分析了世界新一轮军民融合发展的动向，例如战略母港建设受到一致重视，各国大力布局军民科技创新领域，抢占信息化时代的制高点，重视实体经济，激发军民融合产业活力。在此基础上，本文提出青岛推动军民融合深度发展的对策建议。一是精准定位城市方向，加快实施军民融合战略。二是全面提升综合保障能力，建设世界一流的海军战略母港。三是先行先试引领军民协同创新，攻克海洋科技关键核心技术。四是充分用好黄金机遇叠加期，助力军民融合产业长期持续发展。五是加快占领新兴领域军民融合制高点。

关键词：发达国家　军民融合　创新示范区　新兴产业　国际海军城

当前国际形势是大国竞争日趋激烈。中国深入实施军民融合发展战略，是在世界发展、国家发展新形势下所做的战略性抉择。习近平总书记强调，当前和今后一个时期是军民融合的战略机遇期，也是军民融合由初步融合向深度融合过渡进而实现跨越发展的关键期。① 本文围绕战略母港、科技创新、产业发展等领域，结合青岛军民融合实践活动，对青岛建立军民融合深度发展格局进行研究，提出对策建议。

---

* 周娟（1966～），女，法学硕士，青岛西海岸新区工委党校高级讲师，主要研究领域为海洋综合管理与军民融合。

① 《十八大以来，习近平这样部署军民融合》，http://www.xinhuanet.com/politics/2017-07/26/c_1121380152.htm，最后访问日期：2019年5月20日。

一　世界新一轮军民融合发展的动向

环顾全球，世界主要发达国家正进入新一轮军民融合阶段，军民融合发展越来越注重创新引领要素的聚集，更加关注向新兴科技高精尖领域推进，更加完善开放创新体制机制，更加重视军队和民间创新人才的融合培养和使用，更加倾力凝聚社会民间力量增进军力发展，呈现一些令人瞩目的动向。

（一）战略母港建设受到一致重视

航母从诞生起，就是海军强国的标配。海军战略母港建设是世界大国拥有制海权的可靠保障。目前世界主要国家在建造新一代航母上形成了一个新高潮。青岛作为中国航母驻泊所在地，承担先行示范的战略使命，光荣而任重道远。

（二）大力布局军民科技创新，抢占信息化时代的制高点

创新引领是世界军民融合发展最鲜明的特点。谁抓住科技创新，谁就能占领时代先机，赢得先发优势。世界主要国家纷纷加强战略部署，通过军民协同创新、凝聚民间创新力量等方式，竭力抢占世界信息化时代的制高点①。

（三）重视实体经济，激活军民融合产业活力

从历史看，美国依靠制造业实力赢得二战。从现实来看，美国第三大独角兽是军民融合企业②。日本的大型制造企业都是军民融合企业③。通过产业政策引导，中国工业和信息化部在 22 个省（自治区、直辖市）认定和挂牌了 32 个国家级军民结合产业基地④。

二　对青岛推动军民融合深度发展的深刻启示

面对世界新一轮军民融合发展浪潮，中国的国家安全战略必然提出针对

---

① 拉海荣：《普京打造俄版硅谷创新军工黑科技》，《参考消息》2018 年 7 月 27 日。

② 王德禄：《新经济：军民融合三个案例》，《中关村杂志》2016 年第 6 期。

③ 王德禄：《新经济：军民融合三个案例》，《中关村杂志》2016 年第 6 期。

④ 郝丽江、朱庆帅、马建文：《我国军民融合发展概况浅析》，《祖国》2017 年第 15 期。

性措施进行有效应对。党的十九大郑重把军民融合发展上升为国家战略，具有里程碑式意义，开辟了中国新时代国家安全战略的新征途。具有重要战略地位的青岛，被国家赋予军民融合先行先试的重大使命。青岛必须主动对接世界军民融合新趋势，积极把握军民融合新规律，用创新观念突破过去传统“双拥”工作形式，强化军民融合战略应对，借鉴世界和中国各地区军民融合工作先进创新经验，全力推进军民深度融合发展，快速有效建立军民融合深度发展格局。

（一）精准定位城市方向，加快实施军民融合战略

地位决定使命担当，青岛要实现军民全要素深度融合。一是精准定位城市方向，进行军民融合战略塑造。从区域经济视角看，青岛是中国沿海重要的中心城市，是全国第 12 个年 GDP 过万亿元的发达城市，而且根据全球权威机构评选，青岛在全球国际城市中的排名为第 85 位，在中国城市中的排名为第 15 位[①]。2019 年青岛市新闻办举行的新闻发布会公布，根据国际管理咨询公司科尔尼于 5 月 30 日发布的《2019 年全球城市指数报告》，青岛名列“全球城市潜力排名榜”第 79 位，名次大幅上升[②]。青岛的国际化程度不断提高，在世界上的影响力和知名度快速提升。从军事地位视角看，青岛是扼守京津海洋门户的海防重镇，也是中国海军走向深海的战略基地。基于青岛这些重要地位，极有必要用全民创新意识扩充青岛城市建设的精神容量。这就要求紧紧抓住创建国家军民融合创新示范区[③]的机遇，用军民融合战略塑造青岛城市气质，在青岛全力聚焦海洋、海军、海防城市基因，着力把青岛打造成为能够支撑强大海军建设、保障打赢未来海上战争、服务现代海防体系、引领高端海洋经济技术发展的战略基地。应一体化推进军民融合发展战略与海洋强国战略，蹚出一条以海洋军民融合为鲜明特色的青岛之路。

二是明确军事需求，进行军民融合战略塑造。这是一个普遍存在的难题，已经成为阻碍中国区域军民融合深入进行的一个关卡。青岛可以进行深一层次的探索。建议青岛各区、市（县级市）在积极破除体制性障碍及其利益樊篱的进程中，着力推动军地共同分析融合需求、共同论证融合需求、

① 《全球竞争力青岛排名第 85 位，在中国城市中排名第 15 位》，《爱青岛》2018 年 1 月 30 日。

② 《青岛冲进“全球城市潜力排名”79 位，名次大幅上升》，《青岛晚报》2019 年 5 月 30 日。

③ 《从国家军民融合创新示范区创建看可复制可推广的路径选择》，http://www.mod.gov.cn/mobilization/2018-07/07/content_4818627.htm，最后访问日期：2019 年 6 月 25 日。

共同推进需求落实[①]。这样做的目的，是从源头上保障现代军事体系作战能力的有效生成，同时有力地促进青岛在军民融合道路上实现高质量经济的开放、现代、时尚发展。

三是夯实融合基础，进行军民融合战略塑造。建立军民融合深度发展格局的实质，是要解决军民融合发展战略推进中普遍存在的结构性矛盾，即中低端技术产品供给能力相对过剩、高端技术产品供给能力相对不足，与日益扩大的国家安全和发展双重需求之间的矛盾[②]。破解的建议首先是充分发挥青岛海洋科技城优势，加速海洋高新科技资源和海洋领域国际国内拔尖人才集聚，积极担当作为、奋发努力，尽快搭建青岛军民融合科技协同创新高地。其次是构建军地对接机制，充分发挥中科系、中船系、中航系、中电系、高校系项目在青岛集聚的新智慧优势，充分发挥中国船舶海工、航空航天、电子信息、海洋新材料等高端产业在青岛形成产业集群格局的新智能优势，充分发挥工业化、信息化、智能化“三化叠加”在青岛显现的新科技和新军事革命的时代优势。在军地对接机制上，青岛一定要抢先布局、超前部署，尽快扭转军民融合发展进程由于缺乏“三线建设”经验积累的历史原因而缺乏足够载体和抓手的局面，紧紧抓住军民融合强军兴国的机遇，抓住军民融合对国防建设与地方经济双向拉动良性发展的机遇。青岛要顺势而为，将破解军民二元结构性矛盾作为党政军社会各界一致的工作目标，以更加有效地履行好担当中国军民融合深度发展“试验田”的神圣职责。

（二）全面提升综合保障能力，建设世界一流的海军战略母港

青岛地处中国东部陆海要冲，扼守京津海洋门户。这就要求青岛人民以只争朝夕的精神，紧紧对标世界一流战略母港建设目标，对标海洋强国战略和世界一流海军建设要求，乘风而起、迎难而上。青岛应立足自身资源基础和产业集聚优势，聚焦舰船技术保障领域，大力发展舰艇设计、建造、测试、维护、维修等一条龙产业，全面提升战略母港综合保障能力。

一是进一步打造海西湾船舶海工基地。海西湾船舶海工基地是国家规划建设的船舶制造产业示范基地和国家级船舶出口基地，聚集了北船重工、武

① 姜鲁鸣:《加强区域军民融合发展的战略塑造》,《光明日报》2019 年 4 月 4 日，第 7 版。

② 姜鲁鸣:《协同推进军民深度融合》,《人民政协报》2019 年 3 月 5 日。

船重工、中海油海洋工程等船舶制造与海洋工程企业[①]。青岛西海岸新区肩负着战略母港后勤保障的重大任务，应壮大发展舰船制造与配套、海洋工程装备等产业，在古镇口军港的周围培育发展一系列完善的产业配套设施。

二是完善战略母港基础设施。战略母港建设是大国海军的根基，是海军舰队控制制海权的根本。战略母港提供的全方位后勤保障，可以大力提升帮助海军完成军事任务的支撑力。当前，一方面，青岛西海岸新区要着重为战略母港军人提供高品质的公共服务场所，如学校、剧院、博物馆和医院等。另一方面，青岛市应致力于保护军事文物建筑，塑造军事文化场所感，持续提升以海军公园、海军博物馆等为代表的军民融合文化的社会影响力，全面提升物质、精神、社会、生态等方面的综合实力。这样既可提高对军事行动和军人的保障支撑力，又能对青岛城市国际地位提升和经济与社会发展全面升级起到良性推进作用。

（三）先行先试引领军民协同创新，攻克海洋科技关键核心技术

通过调研发现，当前古镇口科教创新区以军民协同创新为重点，集聚高端创新要素，推动军民两用科技成果转化、实现就地产业化，取得显著效果。推而广之，笔者认为，青岛应牢牢抓住“科技创新”这把引领新旧动能转换的金钥匙，利用发挥好“海洋科技城”的优势，建设国际海洋名城。

一是争取重大创新平台向青岛布局。聚焦海军科技装备核心需求，依托军民融合创新中心，创新集科学研究、武器装备试验和生产部门与投融资部门于一体的体制机制，争取更多涉军涉海的创新平台落户新区。

二是积极探索众包研发创新模式。发挥青岛“一带一路”对外开放桥头堡的优势，向全国甚至全球招引人才、征集方案。引进举办“中国创新挑战赛”等创新赛事，以军事需求和企业、行业和产业技术创新需求为牵引。挑战赛“挑战不设门槛、英雄不问出处”，集聚来自不同体制和学科背景的人才，攻关一批战略性、前沿性、颠覆性关键核心技术，推动科技成果快速转移转化。

（四）充分用好黄金机遇叠加期，助力军民融合产业长期持续发展

青岛大力发展军民融合产业具有很好的基础，青岛民营经济向高质量发

---

① 《中国造军舰有多快　8 大船厂 3 年造船规模超最强 4 国总和》，《新浪军事》2018 年 6 月 11 日。

展进发。截至 2018 年 9 月，青岛市实有民营经济市场主体达 129. 78 万户，民企占全市高新技术企业的比例为 85%，占全市境内外上市企业的比例为 72. 7%；全市民营经济市场主体总量位居全省第 1 位、全国副省级城市第 4 位；全市民营经济市场主体注册资本达到 24967 亿元，同比增长 26%①。并且，山东省 4 家独角兽企业，即杰华生物、日日顺、聚好看和伟东云教育，均出自青岛。这充分显示青岛市民营经济高质量发展态势明显，也预示着今后青岛军民融合发展将推动民营经济走向更加广阔的舞台。下一步，青岛应持续运用市场化模式，调动更多民营经济市场主体参与军民融合的积极性和主动性，推动“军转民”“民参军”，做大做强做优军民融合产业，激发军民融合发展活力。

一是积极鼓励优势民营企业“参军”。着力加强制度创新，降低“民参军”门槛，破除“军转民”障碍，筹建民营经济大厦、民营企业产业园、民营企业综合服务平台。贯彻军民融合理念，完善财政、基金、用地用海等激励政策，支持民营企业科技创新，鼓励和引导优势民营企业进入武器装备生产、维修和保障领域，重点孵化高新技术企业，将一批军民融合企业培育为独角兽企业。

二是大力引进优质军工企业“转民”。着眼高端要素，实施军工集团、国防军工院校和行业领军企业精准招商、定向招商，着力引进一批掌握核心技术、投资体量大、拉动力强的军民融合项目。

（五）加快占领新兴领域军民融合制高点

聚力新兴重点领域军民融合，带动军民融合发展全局，特别是抢占海洋、太空、信息网络、生物、新能源、人工智能这些新兴领域的军民融合制高点，青岛要完成的这些任务非常艰巨。

1. 增强精准竞争意识，确保新兴领域攻势作战达标

未来战争将是无人、无形、无声的“三无”战争，太空战、网络战将成为未来战争新的制高点。从当前世界军民融合态势来看，从中国军民融合发展进展来看，新兴领域已成为发达国家和中国各地方推动军民融合产业发展的发力点、“民参军”的主攻阵地。从全国城市竞争力来看，深圳、杭州

---

① 肖芳：《青岛新旧动能转换“一年全面起势”去年 GDP 增长 7. 4%》，《大众日报》2019 年 6 月 14 日。

等南方城市抓住上一轮科技革命和产业变革的发展契机，依靠计算机、电子商务等产业，实现了转型升级、跨越发展。2019 年，青岛市委提出 15 个攻势作战目标①。笔者认为，军民融合发展是青岛得天独厚的战略优势，也是青岛建设“北方深圳”的优势领域。青岛只有紧紧抓住军民融合深度发展这一先行先试机遇，把国家军民融合示范区建设与山东新旧动能转换引领区建设结合于新兴领域军民融合这个阵地，才有利于把科技攻势目标扎扎实实变成现实。青岛要调集精兵强将和最优势要素资源，在此阵地上发起强大攻势作战，着力推动高新技术产业腾笼换鸟、凤凰涅槃，形成推动高质量发展的强劲新动能。

为此，青岛市要高度重视高新区发展，切实提升高新区在全国和在全球的竞争力。首先要加快建设国家智能化工业园区，支持青岛蓝谷发挥好“国字号”平台作用，加快大洋钻探船北部基地、华录山东总部基地建设，争创具有海洋特色的国家级高新区。青岛高新区还要加快推进国家“双创”示范基地建设，持续完善“校、企、地”融通创新机制，发挥“1 +1 +1 > 3”的聚变效应。同时由于“文化是最深厚的竞争力”，青岛必须加强科技文化社会氛围建设，加快推进新的青岛科技馆早日落成开放②，努力使之成为不仅国内规模最大，而且影响力广泛、作用巨大的集科普教育、科学娱乐、教育培训和科技休闲于一体的科技综合体。

2. 项目建设贯彻军民融合理念，确保新兴产业基地厚积薄发

一方面，要借鉴他国经验，建设青岛新兴产业人才培养和创业基地。青岛军民融合产业基地，要按照军地联合、创新发展、共育人才的思路，加强军地优质教育资源共享合作，拓宽军地人才教育培训渠道。深挖世界 500 强和国内 500 强资源，力争引进过百亿元大项目和各类企业总部。加强国际军民融合文化交流，通过举办跨国公司领导人青岛峰会、新动能国际合作展览洽谈会、东亚海洋合作平台青岛论坛、“活力山东 · 创意青岛”国际高峰论坛等系列活动，用军民融合新眼光发现并选择国际军民融合技术创新成果，为青岛打造国际海军城、国际合作交流平台积累国际影响力。下一步，建议青岛专门对军民融合人才实施精准化引才，实施“人才 + 产业 + 资本”招

① 《15 个攻势青岛到底怎么干？这场夜间会议都讲明白了》，http://qd.ifeng.com/a/20190415/7330784_0.shtml，最后访问日期：2019 年 5 月 11 日。

② 《青岛科技正式开建　将成全国最大综合科技馆》，http://news.bandao.cn/news_html/201512/20151201/news_20151201_2589707.shtml，最后访问日期：2019 年 5 月 11 日。

才引智模式，推动青岛国际人才创新中心建设运营，办好“海外院士青岛行”“蓝洽会”等活动①。

另一方面，要借鉴推广青岛西海岸新区军民融合产业发展路径。青岛西海岸新区以各大功能区为主力，依托海洋制造基地、信息技术基地、智能制造基地、循环经济基地、王台新动能产业基地、军工产业基地“六大基地”，把军民融合理念贯穿于大项目建设。在大项目建设中，青岛西海岸新区大力发展军民融合新兴产业，大力引进发展海洋、太空、网络空间、生物、新能源等军民共用性强的新兴产业项目，同步推动国防建设和地方经济建设。当前，青岛可以通过“三个聚焦”贯彻军民融合理念，确保新兴产业基地厚积薄发。其一，聚焦重大创新平台。推动海洋试点国家实验室入列，加快建设中科院海洋大科学研究中心、国家深海基地和国家级孵化器等国家重大平台。其二，聚焦科研成果转化。完善技术市场交易体系和服务体系，实现年度技术合同交易额在副省级城市中冲进前列。

综上所述，青岛作为中国沿海重要中心城市和著名的国际海军城，应当放眼世界、引领全国，瞄准世界军民融合发展最新前沿，把握最新动态，胸怀中国军民融合大局；把握区域军民融合大势、着眼青岛军民融合特色，忠实担当、先行先试，不辱使命地担当好中国军民融合深度发展的“试验田”。

The Countermeasures of Qingdao to Promote the In-depth Development of Military and Civilian Integration

Zhou Juan

(Party School of Qingdao West Coast New Area Committee of the Communist Party of China, Qingdao, Shandong, 266599, P. R. China)

Abstract: This paper analyzes the development of a new round of civil – military integration trend in the world, such as emphasizing strategic home port construction, distributing technological innovation, grabbing the commanding

① 《高新技术企业达到 3400 家　青岛加速推进新旧动能转换》，http://qd.ifeng.com/a/20190617/7460107_0.shtml，最后访问日期：2019 年 9 月 1 日。

heights of the information age, attaching great importance to the real economy, activating energy of military and civilian integration industry, and on that basis, proposing countermeasures and suggestions to promote the development of military and civilian integration depth of Qingdao. Firstly, we need to pinpoint the direction of the city and accelerate the implementation of the military-civilian integration strategy. Secondly, it is to improve integrated support capability, and build a world-class naval strategy home port. Thirdly, it is to try leading military and civilian collaborative innovation, and marine science and technology key core technology. Fourthly, good superposition of golden opportunity is to be used for a long time sustainable development of military and civilian integration industry. Fifthly, we need to accelerate occupy the emerging field of military and civilian integration.

Keywords: Developed Countries; Civil-military Integration; Innovation Demonstration Zone; Emerging Industries; International Naval City

（责任编辑：王学萱）

山东省与中国主要沿海经济区域协同发展

王　圣*

摘　要　目前，海洋经济已经逐渐成为沿海地区经济转型发展的新高地和新亮点。在获得更大发展空间的同时，海洋经济也面临着更大的外部挑战。其中，来自周边省份的竞争是风险的主要来源之一，因此沿海地区的经济协同发展和良性发展显得尤为重要。在区域协同方面，京津冀协同发展、长江经济带等国家区域战略的出台，实现了区域一体化联动和资源优化配置的统一，通过便利化措施减少了协同成本，通过优化利益分享和补偿机制放大了合作红利。

关键词　“一带一路”　京津冀协同发展　长江经济带　自由经济区　长江流域

沿海省（自治区、直辖市）是中国经济发展最快、最成熟的地区。作为经济增长的极点，沿海省（自治区、直辖市）需要具有一个稳定且强劲的经济增长核心。近年来，许多沿海地区将海洋经济作为经济转型发展的新高地和新亮点。凭借长期稳定的高增长速度，以及良好的发展前景，海洋经济逐渐成为沿海地区的经济增长支柱。山东省是海洋大省。提升海洋经济的区域协同程度有助于提高山东开放型经济的发展水平，推动山东经济转型升级，增强其在国家区域经济发展中的地位和作用。

* 王圣（1980～），男，博士，山东社会科学院山东省海洋经济文化研究院助理研究员，主要研究领域为海洋经济与管理。

一　深入对接“一带一路”倡议

（一）借助地理区位优势，加速海陆双向布局

陆上方面，借助“丝绸之路经济带”建设，拓展中亚、欧洲方向的物流通道，提升山东省交通网络的通达性和便利性，强化省内商贸网络结合度，扩大腹地范围，在更高层面实现经贸一体化。海上方面，加强与东亚主要港口以及国际知名船舶公司的合作，深化与沿线各国港口的合作，积极缔结友好港协议，分析和发现具有合作潜力的项目，通过资金投入、管理输出和业务合作加快港口国际化步伐。

（二）发挥港口集群优势，打造国际物流枢纽

一是优化配置港口资源。山东省港口众多，港口业务和地理位置有不少重合之处，港口的优质核心资源不明晰，核心竞争力较弱。因此，要科学地设定各港口的发展方向，实现错位发展、相互补充。加快在物流信息、货源供应、报关检疫、运力配置、加工配送、金融结算等方面的一体化进程，建立快速反应、高效协同、风险可控的港口物流网络。二是建立港口供应链网络。山东省各港口供应链普遍采用分散决策的经营模式，在业务组合、资源配置方案以及风险防控方面存在很大的改进空间。应整合现有港口供应链，充分利用各港口的竞争优势，通过信息集成、业务整合和资源整合，提高整个供应链网络的运营效率和服务水平，降低运营成本，优化决策结果。与港口核心形成更稳定的企业战略联盟。三是加速经济融合。山东省临港产业的外部关联度较低，产业层次低质化现象较为明显，尚未形成合理有效的产业分工体系。应与沿线港口定期开展信息交流，促进产业集聚，实现联动发展。

（三）依托主导产业优势，促进区域合作与创新

山东省与共建“一带一路”国家的产业互补性强，在能源开发和制造方面具有一定的优势。但是，第三产业存在技术研发和金融服务等方面的弊端。因此，应依托山东省主导产业体系，充分利用共建“一带一路”国家在生产要素互补性、工业化水平差异性和产业结构互补性等方面的优势，形成生产要素的规模效应，降低产品的边际成本，促进企业创新和产业升级。

根据企业的类型和发展阶段，搭建科技企业提升与培育平台，培育以创新为主要特征的产业集群①。目前，山东省在基础设施建设和产业园区管理方面积累了一定的经验，在人才培育与技术引进方面配套政策的效果正逐渐显现。应通过共建合作区或产业园区等方式，促进区域基础设施一体化，降低产业分工的交易成本。充分发挥各方参与合作的生产要素和产业优势，形成生产要素和产业集聚优势，建立区域经济增长极，加快欠发达地区经济发展，实现区域经济协调发展②。在资源节约和环境友好的前提下，以培育和发展战略性新兴产业为目标，以技术创新和开放合作为手段，构建生态、高端和国际的现代工业体系。

二 促进山东省与京津冀经济区的协同发展

2014 年 2 月，京津冀经济区协同发展成为国家重大战略，加快了京津冀一体化进程。山东省西部经济隆起带和黄河三角洲高效生态经济区（以下简称“黄三角”）毗邻京津冀，是山东省、天津市协同发展的门户区域，面临积极接受辐射、扩大交流合作、凝聚生产要素、加快开放发展的战略机遇。同时，山东省西部经济隆起带被纳入京津冀协同发展规划，不仅可以有效促进京津冀地区的协同发展，也将进一步加强北京、天津、河北、江苏、浙江、上海以及沿海和内陆地区之间的联系。因此，应全面提升对接能力，加强山东省西部经济隆起带和黄三角与京津冀的全面对接和交流合作，实现优势互补、共同发展。

（一）科学规划，积极推进整体发展战略对接

一是发展定位对接。科学分析京津冀地区的发展趋势，确定地理位置，明确定位，主动参与，寻找商机；同时，敢于竞争，利用资源、产业、设施、农产品等优势，积极接受辐射。二是发展目标对接。充分研究京津冀地区的发展战略规划，与西部经济振兴区、黄三角资源相结合。这将符合京津冀地区的发展目标，促使其产业结构逐步得到补充和完善。三是体制与政策

① 张兰婷、翟璐、王波：《充分发挥海洋在高质量发展中的战略要地作用》，《中国海洋报》2018 年 4 月 18 日。

② 朱旌：《最不发达国家经济发展不平等加剧》，《经济日报》2018 年 2 月 8 日，第 8 版。

对接。近年来，以天津滨海新区为轴心的沿海城市发展迅速，政策机制逐步形成。天津滨海新区在金融、土地、出口贸易、财税等方面积极探索，并“先行先试”，出台了一系列发展政策。国务院对首钢搬迁和发展规划给予了大力支持。在渤海新区建设中，河北省引入了工业发展和专项基础设施资金、税收配额、土地和海洋使用等方面政策。西部经济隆起带和黄三角应广泛借鉴上述地区的经验做法，制订符合山东省实际的改革方案，大力争取国家政策的支持。各经济区在建立、创立制度和运行机制中，应积极向京津冀地区学习，注重区域发展中的合作、对接和联盟。

（二）建立联合建设和共享机制，加快基础设施一体化

西部经济隆起带和黄三角应依托城际交通网络和信息网络，按照统一规划、共建共享的原则，突出港口、交通、信息设施三大要点，加大基础设施建设力度，深化与京津冀地区的联系。一是深化港口对接。加强区域港口一体化，明确分工和功能定位。黄三角的东营、莱州、滨州、潍坊四个港口应把津冀港口群作为对接的战略支点，积极开展与环渤海大港口的分工协作，鼓励港口企业间相互参股或跨地区经营，结成黄三角与津冀地区港口战略联盟。同时，加强黄河口岸快速集散系统建设，实现港口、铁路、公路之间的有效连接。二是推进交通枢纽互通互联。在铁路方面，加强现有的铁路扩容，重点建设黄骅铁路、德龙铁路，加快东营港、滨州港的建设，计划建设聊城至黄骅铁路，并与京津冀铁路相连。2014 年 4 月，国家发展和改革委同意在山东省城际轨道交通网络规划（调整）的批准下建设山东省环渤海高速铁路。环渤海高速铁路覆盖滨州、东营、潍坊、烟台等城市，该通道西端在德州连接京沪高铁，北端在滨州连接河北与天津，对接京津冀经济圈。在公路方面，争取国家有关部门尽快实施 104 国道改线工程，积极推进连接黄骅港的渤海大桥和环渤海高等级公路等连接环渤海地区交通干线的建设，缩短进入京津冀地区的通道。三是推进信息设施共建共享。重点关注电子政务、电子商务、企业信用信息资源和地理信息系统的建设，加快建设“智慧城市”，促进西部经济隆起带和黄三角内各城市与京津冀地区信息网络的融合，实现区域信息水平的共同提高。

（三）建立产业合作机制，促进产业对接与整合

西部经济隆起带和黄三角凭借地缘和产业优势，实现与京津冀地区的产

业融合和协作分工是其全面对接京津冀地区的重点。山东省应积极寻找对接优势，完善“主动承接”与“接受辐射”的双向动力机制，重在承接京津冀地区的产业转移与发展配套关联产业。目前，必须关注石化、能源、钢铁、造船等港口产业的发展，以及承接北京和天津制造业的转移。同时，吸引投资大、技术水平高的现代制造项目，充分利用京津科技、人才和资金密集优势。推动西部经济隆起带和黄三角新能源、能源装备制造等高新技术产业的发展，转变和提升纺织、服装、造纸等传统制造业，打造先进制造业基地。加强现代服务业联动发展。以深化鲁京合作为重点，以生态旅游业和现代物流业为切入点，加强西部经济隆起带和黄三角与京津冀地区服务业的全面对接。一方面，重点建设黄河沿岸生态旅游品牌，积极发展文化民俗展览，大力发展生态农业旅游。加快红色旅游业的发展，建设内涵丰富、特色鲜明、网络支持、服务完善的生态旅游体系。另一方面，在首都的功能疏解和京津冀的生态建设中，发挥德州、聊城、滨州等城市的服务作用。积极发展养老、医疗、保健、护理、科研、教学相结合的养老医疗产业。吸引京津冀医疗保健、养生服务客户群，打造面向京津冀的区域养老医疗服务基地和京津冀“后花园”。

（四）加强生态环境治理方面的合作

环境问题的区域特征在经济规模日益扩大的现实面前越来越明显，也使生态环境治理合作越来越成为区域合作的重要组成部分。因此，应加强山东省西部经济隆起带和黄三角与京津冀各城市在环保规划、生态建设、污染防治、环境监测等方面的合作，协同推进重大环保项目建设和行业性、区域性污染治理，共同探索建立区域生态补偿机制，建设资源节约型兼环境友好型社会。一是在区域规划布局层面，从协调产业布局和生态功能区设置的角度出发，参照珠三角地区经验，制定区域环境保护合作或区域环境保护指南专项规划，确定行业进入的环境保护门槛。引导区域整体产业结构合理布局，共同促进区域整体环境可持续发展。二是在产业合作层面，以环保产业化和市场化为纽带，以新型环保技术的推广和应用为契机，推动建立区域环保产业合作机制，在投融资、市场拓展、资质互认、环保技术在环保产业中的应用等领域开展广泛合作。

三　建设现代化交通走廊，对接长江经济带

（一）空间对接，发挥经济互补优势

2018 年，长江干线货运量为 26.9 亿吨，自 2005 年以来一直位居世界内陆河运量第一位。未来，长江航运将更加繁忙，其航道运输能力将进一步提高，将建立立体交通走廊。目前，鲁南高速铁路（日照至曲阜段）、济青高速铁路、石济客运、青连城际均已建成并投入运营。其中，鲁南高速铁路将分别通过曲阜东站和兰考南站，连接京沪高速铁路和徐兰高速铁路。这将有效提升长江北岸高等级的陆路通道的覆盖率，使水运和陆运有效配合，大幅提高长江流域运输能力。此外，借助空间上的交通便利，山东省人力资源成本和人才培养方面的优势将进一步放大，劳务输送和人才流动的范围和效率将大幅提升，将有效打破山东省物流在网络覆盖面、终端配送和服务能力上的瓶颈，在调整就业结构、扩大就业市场的同时，有利于提升山东省的开放程度。

（二）信息对接，打造物流商贸节点

近年来，山东省物流业运行效率不断提高，信息化程度逐年提升，集仓储、运输、配送于一体，以信息服务为支撑平台的物流发展格局正在形成，在打造长江经济带向北拓展的物流商贸节点上具有先天优势。预计到 2020 年，长江经济带货物周转量将达到 13991 亿吨公里，货运量将达到 270 亿吨，年增长率为 6%①。持续增长的货运物流需求为山东省打造物流商贸节点、对接长江经济带发展创造了有利机会。山东省应依托长江经济带东部优越的经济发展基础和物资集散能力，广泛运用企业资源计划（ERP）和供应链管理系统（SCM）等信息整合平台，深化无线射频识别技术（RFID）等技术在车辆监管、物品定位、自动识别分拣、配载配送和路径优化等领域的深层次应用，推动物流业转型升级，形成长江经济带向北拓展的物流信息的聚合点。

---

① 宋刚：《钱学森开放复杂巨系统理论视角下的科技创新体系——以城市管理科技创新体系构建为例》，《科学管理研究》2009 年第 6 期。

（三）市场对接，扩大产业发展空间

交通便利将有效加快山东省与长江经济带的市场一体化。同时，山东省应促进高端设备制造、新能源和节能、电子信息、海洋工程和海洋技术等新兴产业，与物流、商业、金融保险、电子商务、文化创意、卫生服务、医疗保健等现代服务业融合发展，与长江经济带开展务实合作，打破行政区划的障碍，建立统一、开放、有序、现代化的市场体系。同时，进一步联合金融机构、大企业发起成立产业投资基金，支持产业园区基础设施建设及园区内企业发展，促进山东省与长江经济带的产业融合。

四　促进威海—仁川自由经济区发展，有效衔接中韩自由贸易区战略

（一）促进威海—仁川自由经济区发展

加快建设区域经济合作开放试验区、商品配送中心、信息技术产业园等。利用与海关联网的电子商务平台，通过邮件提高外汇出口货物的结汇和退税效率，构建中韩跨境电子商务平台。积极发展休闲度假旅游，提高签证审批效率，创新文化旅游产品，加强市场诚信建设，打造中韩休闲旅游品牌。进一步深化对外合资合作，争取允许境外资本在经济区内设立医疗机构，开发中韩医疗养生市场。依托山东省内港口群，加快中韩跨境物流体系和走廊建设，形成具有国际采购能力的供应链网络，打造中韩物流集散节点。

（二）强化跨区域高层次协作

在中韩自由贸易区协定中，地方经济合作示范区锁定威海市和仁川自由经济区。威海成为双方开展全面经贸合作的先锋，也带动了中韩自由贸易区的建设，为全面提高对外开放水平，培育新的经济增长点，加快经济转型升级提供了重大历史机遇。山东省应主动加强威海、青岛、烟台等地市与韩国政策研究机构之间，省内企业与韩国行业协会之间，以及两地主流媒体之间的交流与沟通，及时了解和把握地方经济合作示范区发展趋势，厘清中韩跨区域协作发展方向。同时，要加强与国家有关部委的对接和交流，及时做好政策扶持和联动工作。扩大合作领域，初步形成可在两个国家推广的体制成

就或实践经验。地方经济合作示范区的建设已取得显著成效，成为中韩自由贸易区建设的一个亮点。

（三）培育商贸物流集散平台

中韩自由贸易区协定的签署为山东省建立韩国商品集散中心提供了有利条件。首先，与其他省（自治区、直辖市）相比，山东省距离韩国最近，拥有陆空联运的优势，物流成本较低；其次，山东省的配套基础设施比较完善，产业投资的硬件环境优良；最后，山东省劳动力丰富，人员使用比较便利，离职率也较低。此外，山东省各级政府在培养外资企业方面，扶持力度也较大。随着该地区关税和其他贸易限制的取消，物资和人员流动将更加顺畅，中韩贸易物流配送平台的建设将逐步加快。在贸易便利化方面，应深化贸易通关手续改革，加强部门间信息共享，加强在产品质量、安全等方面技术标准的对接，提高通关效率。在陆海联运方面，应注重两地物流企业在数据信息、接口标准和业务流程方面的无缝衔接，以及在运输装备、排放标准和操作流程方面的互通互认；同时，利用资源集散中心的优势，拓展上下游产业链条。在跨境电子商务中，通过建立跨境电子商务服务平台，整合海关等相关监管部门的数据资源，以协同企业和港口管理部门的业务，实现数据的共享，为在线清关、外汇结算、退税申报等提供服务支持。

（四）推进产业转移合作

据统计，韩国对中国出口产品的90%集中在东部沿海地区，尤其是江苏、广东、山东等地，出口产品60%以上为电子部件、石油化工产品。比如，在投资方面，东部沿海地区如广东、江苏、辽宁等地集中了韩国对中国投资量的80%以上，投资行业虽以制造业为主，但服务业比例逐渐增加。在产业转移方面，由于关税大幅下降，韩国因原料占比较高而对价格极为敏感的贵金属、珠宝、锅炉制造、黄铜等产业的对外投资、产业转移需求将显著增加。此外，随着航运基础设施的扩建，中韩在物流领域也有广阔的合作空间。由于基础设施建设所需的钢材、水泥、机器等生产资料需求增加，相关贸易及投资规模逐步扩大。与此同时，随着电子商务和互联网的发展，与智能物流基础设施相关的市场机会也在增加，产生了大量的投资机会。此外，在官方开发援助（ODA）领域，韩方在电子通关系统、医疗系统等具有比较优势的领域有较强的合作意愿。

（五）深化经济文化交流

据统计，山东省与韩国的贸易额占全国的13%，韩资利用规模占全国韩资利用规模的1/3。山东省内韩资企业有5000多家，10万韩国人在山东省长期生活工作。山东省与韩国之间的经济文化交流具有坚实的基础条件。山东省要充分发挥和韩国在产业结构上的互补优势。首先在跨境电子商务、跨境物流、沿海旅游、文化创意、医疗服务、电子信息等方面进行试点。引导省内企业开展广泛交流，深化合作，特别是推动文化、教育、产业联动，深化产业合作。积极落实威海市地方经济合作示范区和烟台中韩工业园区，实施青岛西海岸新区实施方案或发展规划。将中韩自由贸易区协定与中国的“一带一路”倡议和韩国的“欧亚大陆倡议”概念有机地联系在一起。借鉴新万金韩中经济合作区和欧洲跨境经济合作区等发展经验，以及广东、天津、福建、上海四个自由贸易试验区的创新成果，深化与韩国在医疗、旅游、创意影视、软件外包等高端服务行业的合作①。

五　加强黄河中下游的主导作用，有机对接中原经济区

在国家深入实施扩大内需战略的情况下，山东省应结合自身发展优势，利用国家财税、金融、投资、工业、土地等支持政策，通过建立各种示范区、试验区、试点项目等形式，构建中原经济区的发展先锋地区，如与河南、江苏交界处的绿色农业示范区、贸易和物流中心、文化旅游目的地和蓝色与黄色地区交流合作的开放试验区等。

（一）加快新城镇化建设，培育区域中心城市

坚持“四个现代化”同步，加快城市基础设施和公共服务设施建设，加强行业就业支持，提高城镇综合承载力。进一步扩大济南、青岛双核型结构优势，提升两市国际化水平，加快培育一批100万～300万人口的大城市，努力提高工业和人口集聚能力，扩大城市规模，增强其辐射能力②。依托现有城市，加快区域中心城市的开发和发展，增强中心城市功能，加快区

① 杨善民主编《“一带一路”环球行动报告（2015）》，社会科学文献出版社，2015，第79页。

② 白春礼：《全力推进“一带一路”国际科技合作》，《光明日报》2017年5月18日，第13版。

域中心城市对外交通建设。建立高效合理的交通网络体系，不断扩大区域中心城市的辐射能力。重点关注产业结构、区域功能、空间结构和环境展望，通过产业结构调整、环境重组和形象重塑，提升区域中心城市的发展水平[①]。提高工业承载力和人口吸纳能力，促进区域发展，扩大中心城市在更大范围内的作用。

（二）实施精品发展战略，深化文化旅游产业合作

可以与拥有丰富旅游资源的中原经济区开展城市间的旅游合作，形成优势互补的旅游发展格局。各个城市应探索和开发本地区旅游资源优势，建立更紧密的旅游合作机制，促进文化旅游一体化发展。积极打造旅游精品之路，建立会员城市“无障碍旅游”机制，实施区域旅游卡；实施实用的互访政策，建立互动促进的机制；在成员城市之间建立主流媒体旅游产品的互动播放机制，使该地区所有成员和城市享受相同的旅游促销优惠政策[②]。

（三）加强政府层面的合作，建立多层次的区域合作机制

中原经济区涉及 5 个省 30 个城市。要实现合作共赢，就必须在中原经济区成员城市与各级经济区建设的主要机构之间建立高层次的沟通机制。定期研究施工计划，制定总体决策，并进行监督和指导。借鉴长三角和珠三角城市群建设的经验，建立经济区各省份市长联席会议制度，促进区域内高层互动[③]。加强经济区中长期发展战略、规划思路、区域发展政策和重大项目布局的沟通和交流。在平等互利的基础上，建立和完善山东与中原经济区协调发展的政府层面协调联动机制，使政府间的协调正常化。树立区域经济一体化发展理念，发挥山东优势，与中原经济区各省份相辅相成，积极辐射，实现共同发展。树立互利共赢的新理念，积极配合经济区内其他城市和地区的优势项目和优势产业，实现合作共赢。

---

① 李崇蓉：《广西北部湾港集装箱运输发展研究》，《创新》2016 年第 4 期。

② 王波、韩立民：《中国海洋产业结构变动对海洋经济增长的影响——基于沿海 11 省份的面板门槛效应回归分析》，《资源科学》2017 年第 6 期。

③ 张耀光、魏东岚、王国力、肇博、宋欣茹、王圣云：《中国海洋经济省际空间差异与海洋经济强省建设》，《地理研究》2005 年第 1 期。

The Coordinated Development between Shandong Province and the Main Coastal Economic Regions of China

Wang sheng

(Shandong Academy of Marine Economics and Culturology, Shandong Academy of Social Science, Qingdao, Shandong, 266071, P. R. China)

Abstract: At present, the marine economy has gradually become a new highland and bright spot for the economic transformation and development of coastal areas. While gaining more development space, the marine economy is also facing greater external challenges, among which the competition from surrounding provinces is one of the main sources of risk, so the coordinated development and prosperous development of the coastal areas is particularly important. In terms of regional coordinate, coordinated development of Beijing Tianjin Hebei region and the Yangtze River economic belt and other national regional strategies have achieved the unification of regional integration linkage and resource optimization allocation. Through facilitation measures to reduce the cost of coordination, the optimization of the benefit sharing and compensation mechanism to enlarge the cooperation dividend.

Keywords: "The Belt and Road"; Beijing-Tianjin-Hebei Coordinated Development; Yangtze River Economic Zone; Free Economic Zone; Yangtze River Basin

（责任编辑：孙吉亭）

山东省海洋旅游品牌塑造思考

梁永贤*

摘　要　本文分析了塑造山东省海洋旅游品牌的优势，指出了山东省海洋旅游品牌塑造中存在的问题和不足，如海岸线漫长使旅游景点分布分散，导致无法形成规模、旅游资源分配不均、基础设施建设不完善、管理体制不健全、人才短缺等问题。同时，本文阐述了山东省海洋旅游品牌塑造的发展思路：一是转变海洋旅游发展思想；二是政府加强旅游资源整合策略，形成强有力的品牌效应；三是政府加大政策扶持，创造优质环境；四是加大山东省海洋旅游品牌的宣传推介力度；五是加强基础设施建设；六是丰富旅游开发形式，增加吸引力；七是建立健全完善的管理体制；八是加强人才的培养和引进。

关键词　海洋旅游　品牌塑造　旅游资源　儒家文化　游客数量

随着国民收入的增加、消费观念的转变，旅游成为人们度假、放松、休闲的首要选择。旅游市场日益火热，致使旅游竞争日趋激烈。各个旅游目的地为了争夺旅游客户资源，使出浑身解数吸引游客。因此，旅游品牌塑造的需求提上了日程。旅游品牌要比单个的旅游项目更具吸引力，未来的旅游竞争也必然是旅游品牌的竞争①。

随着海洋资源的开发，我们正进入海洋时代，海洋旅游成为最具竞争力的旅游项目。人们走向海洋，正是因为海洋具有巨大的开发潜力。山东

---

* 梁永贤（1963～），女，济南社会科学院副研究员，主要研究领域：文化旅游。

① 蔡善柱：《试论旅游品牌开发》，《安徽师范大学学报》（自然科学版）2004年第3期。

半岛地处优越的滨海地区，濒临渤海和黄海海域，是典型的温带季风气候，四季分明，气候宜人。山东的海岸线长达 3345 公里，从渤海到黄海，海滨风景绚丽多彩，风光旖旎。几千年的文化积淀造就了山东半岛深厚的文化底蕴。“一山一水一圣人”的旅游品牌吸引全国各地的游客纷至沓来。现在山东省的海洋旅游正在悄然兴起，成为拉动山东旅游的一大引擎①。山东省也正在着力打造自己的海洋旅游品牌。但是，山东半岛旅游品牌尚不完善，竞争力较弱，没有形成像三亚那样具有代表性和知名度的旅游品牌。山东省应该如何塑造自己的海洋旅游品牌，打造自己的海洋旅游的核心竞争力，成为辐射整个华北甚至全国的海洋旅游强省？本文就这一问题进行初步探讨。

一　山东省海洋旅游品牌塑造的优势和劣势分析

（一）山东省海洋旅游品牌塑造的优势分析

1. 地理位置优越，旅游资源丰富

山东省地处华北平原东部，是整个华北地区拥有最优质海洋资源的省份，对比河北 487 公里、天津 153 公里、江苏 954 公里的海岸线，山东 3345 公里的海岸线具有压倒性优势。海岸线越长意味着拥有海洋旅游景点越多②。而且山东拥有数千座岛屿，其中还有一个海岛县——长岛。如此长的海岸线和如此众多的海岛，分布着丰富的海洋旅游资源，例如刘公岛、养马岛、蓬莱、栈桥、万平口等。这些旅游景点星罗棋布地散落在漫长的海岸线上，每年都吸引着大量的游客前往游览。

2. 自然环境优良，文化底蕴深厚

山东拥有典型的温带季风气候，四季分明，气候宜人。沿海城市环境优良，有全国卫生城市青岛、全国宜居城市日照等。从东营、烟台、威海、青岛到日照，这些沿海城市都具有优良的环境和丰富的旅游资源。山东半岛还具有深厚的文化底蕴，“一山一水一圣人”作为一条主线连接了山东各地的文化旅游。从旧石器时代到新石器时代，山东出现了北辛庄文化、大汶口文化、龙山文化和东岳石文化等早期文化。后又有孔孟为代表的儒

① 姚作为：《我国旅游业品牌化进程初探》，《经济经纬》2001 年第 5 期。

② 张广海、刘佳、万荣：《青岛市海岛旅游主体功能分区》，《资源科学》2008 年第 8 期。

家文化影响了中国几千年，至今还具有深远的影响力[①]。孔子学院更是分布到世界各地，使儒家文化在世界传播开来。作为孔孟之乡的山东正是因为孔子那句“有朋自远方来，不亦乐乎”成为好客之乡。几千年的儒家文化，造就了山东人热情、淳朴的秉性，成为吸引游客的又一大文化软实力。

3. 政策导向利好，交通便利发达

山东省政府注重旅游发展，出台多项政策促进本省文化旅游业的发展，提出“文化圣地，度假天堂”的宣传口号。紧紧围绕“旅游强省”战略，山东省在2007年提出“好客山东”旅游品牌形象标识，并且每年都投入大量的精力加强对这一品牌的建设力度[②]。而“好客山东”这一品牌也进一步推动了山东省的旅游业向更好更快的方向发展。这一创造性的品牌塑造，增加了山东省在旅游市场的核心竞争力，使山东省从文化旅游大省向文化旅游强省稳步发展，也为山东省以后的旅游业发展指明了方向。山东省境内交通发达，四横五纵的交通网络构成了山东省交通大动脉，济青高铁、荣威高铁、济青高速、沈海高速等将山东半岛紧紧联系起来，打造了一小时半岛生活圈。青岛、威海、烟台、日照的航空港口的运力正在逐年递增，为沿海城市的航空提供保障[③]，方便游客由航空进入城市。交通的便利使山东省的各个旅游景点在最短的时间内连接起来，形成规模化的旅游集群，增加了山东省的旅游竞争力。目前，随着居民收入的增加，家用汽车的数量与日俱增，短途自驾游成为现在旅游的主力军。大量的汽车拥挤到旅游景点，对交通的考验也随之增大。如何更好地缓解旅游目的地的交通压力，给游客更好的游玩体验，成为各个旅游景点面临的新的挑战。因此，山东省发达的交通为这一情况提供了有力保障，增加了游客游玩的舒适度和幸福指数，也为山东省旅游品牌的塑造积攒了口碑。口碑效应也会反馈回来，增加山东省旅游的知名度和好评度，为山东省旅游做口口相传的广告。

---

① 李天元：《旅游目的地定位研究中的几个理论问题》，《旅游科学》2007年第4期。

② 钟栎娜、吴必虎：《中外国际旅游城市网络旅游信息国际友好度比较研究》，《旅游学刊》2007年第9期。

③ 谷传娜：《山东半岛蓝色经济区海洋旅游竞争力分析及政策建议》，硕士学位论文，山东财经大学，2012，第1~5页。

（二）山东省海洋旅游品牌塑造的劣势分析

1. 旅游景点分散，缺乏品牌效应

山东半岛北起东营南至日照，中间有威海、烟台、青岛。但是这些城市各自为战，没有形成旅游业的集群效应。这些城市都具有丰富的旅游资源，如青岛有栈桥、八大关、崂山、琅琊台等，烟台有长岛、蓬莱、金沙滩等，威海有好运角、成山头等，日照有万平口、山海天、灯塔等。这些闻名遐迩的景点分布松散，加之各个城市之间竞争游客的事情时有发生，致使这些优秀的旅游资源只能单独接待游客，对游客的吸引力比较有限。往往游客游玩一两个景点就结束行程，使得天独厚的旅游资源没有得到充分的开发利用。山东半岛旅游景点分散，而且没有统一的规划布局，没有将这些旅游资源整合起来形成一个强有力的品牌，导致这些景点缺乏竞争力。不论是在旅游产品的规模、档次还是旅游品牌的知名度和竞争力上，山东半岛滨海城市与三亚这样的一线旅游城市相比还有不小的差距。品牌效应小、竞争力弱，制约着山东半岛滨海城市的海洋旅游发展。品牌效应小、知名度低，对游客的吸引力就会减小，没有强有力的品牌吸引力，游客资源就会流失，使山东省的海洋旅游处于疲软且没有竞争力的状态。若没有新鲜的活力注入，很难改变这一状态。而海洋旅游的品牌效应就是一剂强心剂，如何提升沿海城市整体的竞争力，打造自己的海洋旅游品牌，成为山东省发展海洋旅游的一大问题①。

2. 旅游资源分配不均，发展不平衡

山东半岛具有悠久的文化和秀丽的滨海风景，但是，滨海城市的发展却是各有长短。提起山东的沿海城市，人们首先想到的便是青岛。青岛作为计划单列市、副省级城市，是国务院批准的国家沿海重要城市、国际性港口城市，同时也是山东省的经济中心。青岛有得天独厚的优势条件，天然优良的港口，使青岛港成为世界闻名的超级大港，在世界上具有很高的知名度，年货物吞吐量居世界前列。青岛有丰富的旅游资源，截至 2018 年拥有 A 级景区 122 处，其中 5A 级景区 1 处，4A 级景区 24 处。栈桥、八大关、崂山景区等风景名胜享誉海内②。此外还诞生了海尔、青岛啤酒等全球知名企业，带动了青岛经济的发展。青岛具有的优势让这座城市吸引了越来越多的人，

① 蔡善柱：《试论旅游品牌开发》，《安徽师范大学学报》（自然科学版）2004 年第 3 期。

② 姚作为：《我国旅游业品牌化进程初探》，《经济经纬》2001 年第 5 期。

游客数量的增加带动了消费和生产总值的增加，让青岛有更多的资金投入到旅游业的发展中。另外，青岛的游客本身也是一个广告的传导者，他们会把青岛的滨海风景传播出去，让更多的人知道青岛的旖旎风景，让更多的人去青岛旅游，形成一个良性循环。反观周边的城市，对游客的吸引力小，游客的数量少，带动的消费低，城市没有足够的资金去发展旅游业，自身旅游景点的吸引力也会更小，游客数量也随之减少。这样，周边和青岛城市的差距越来越大，发展越来越不平衡。

3. 环境污染严重，旅游资源开发过度

随着海洋旅游的兴起，越来越多的人选择去海边旅游度假，但是海洋旅游资源的生态环境是极其脆弱的。海滨旅游业的市场越来越大，大量的海洋食品和海洋消费品成为游客的消费对象。但是随之而来的是环境污染问题。部分游客的素质和环保意识较差，在游玩消费的同时，不注意环境的保护，随意丢食品包装、一次性消费品等垃圾，造成环境污染。在青岛的栈桥景区附近，经常能见到海水里漂浮着塑料袋、塑料瓶等垃圾。再者，单一景区的游客承受能力是有限的，目前各个景区的游客数量都超过其承受能力，使景区的环境面临巨大压力，而且景区的自然环境一旦遭到破坏，在短时间内不能修复。这就造成了海洋生态环境破坏，海洋旅游资源枯竭，旅游品牌影响力下降。有的地区还存在旅游资源过度开发的情况。如青岛黄岛的金沙滩、栈桥景区，日照的万平口、灯塔景区，每年夏季这些旅游景区游人爆满，拥挤不堪①，但是没有组织机构去管理疏散，造成过度利用旅游资源，对这些资源造成破坏。

4. 基础设施建设不健全

旅游业的发展归根到底是人们为了更好地生活，更好地放松心情而进行的活动。因此，旅游离不开食、住、行、娱、游、购六大方面。游客从这六个方面达到旅游目的，在各个方面满足自身的需求。这六个方面需求的实现离不开基础设施建设，基础设施是实现这一切需求的基础。目前，山东滨海城市的基础设施建设还不健全。（1）民以食为天，游客到达一个目的地，吃是永不改变的主题，不仅是为了果腹，更是为了体验当地的特色美食，在美食中获得满足感。因此美食街、特色街区成为游客爆满的地带，到旅游高峰期，特别是节假日，特色美食街往往水泄不通，寸步难行，这反映了基础

---

① 张广海、刘佳、万荣：《青岛市海岛旅游主体功能分区》，《资源科学》2008 年第 8 期。

设施建设不完善的问题。特色美食街的建设往往道路狭窄、店铺小、选址在拥挤的城区、垃圾处理设备不完善等。特色美食街的街道多为步行街，禁止车辆进入，因此建设者往往将道路设计得很狭窄，游客一旦爆满就会造成拥挤的情况。美食街上的店铺面积都较小，有的只有不到 10 平方米。美食的生产力受到制约，游客为了品尝美食，不得不排起长队，不但造成了拥挤，而且浪费了游客的时间。由于街区狭窄，垃圾处理设备垃圾桶的投放就会不足，游客吃完美食剩下的包装没有地方及时处理就会随手丢弃。美食街上往往遍地都是包装袋、卫生纸、烧烤竹签，造成环境污染。（2）滨海城市的游客大部分是从内陆过来，他们到达滨海后一般会游玩两天以上，因此会选择住酒店，产生巨大的酒店住宿需求。酒店的数量虽然很多，但是酒店市场秩序、卫生和食品安全质量等都有待提高。在火车站、汽车站都会见到很多拉客人的小旅店。这些小旅馆的设施与服务条件不好，但是收费却不低。这些都会影响游客的住宿体验和旅游心情。（3）现在很多游客会通过自驾方式到达旅游目的地。特别是节假日，实行高速公路免费的时候，大量的私家车涌上高速公路，一旦发生交通事故，就会造成拥堵。有的拥堵会持续几小时甚至十几小时，将游客的出行计划彻底打乱，将海边游变成“高速游”。在火车站、机场、汽车站，遇到出行高峰期，出租车和公交车的运力就会捉襟见肘，游客等一辆出租车往往要等半小时以上。景区停车场车位少、停车场收费高等问题突出。各个景区的停车场在旅游高峰期都会爆满，大量的车根本没有车位，只能另找地方停车，降低了游客的游玩体验。（4）游客出来旅游就是为了娱乐，借此放松身心。但是，在山东的滨海城市，娱乐游玩设施却跟不上游客的需求，娱乐设施短缺，设备老旧。以日照万平口的海景望远镜为例，海景望远镜本来是为了让游客更好地观赏海景，但是，万平口的望远镜设备故障率超过 50%，这些望远镜设备陈旧，长时间没有更新换代。用它们观赏海景，画面模糊，体验感极差。这些陈旧的设备带来的不是好的游玩娱乐体验，成为海边的鸡肋，用之无味，弃之可惜。（5）既然是旅游，游客到达海边的目的就是游玩①。山东省海洋旅游的海岛和海岸上的游玩景点，长时间没有创新，很多地方的基础设施建设落后，卫生间、垃圾投放点、餐厅、购物场所等都较少，不能满足游客的实际需求。（6）大部

① 盛红：《滨海旅游业可持续发展的设想》，《青岛海洋大学学报》（社会科学版）1999 年第 1 期。

分游客到旅游景点有购买旅游纪念品的习惯，购买具有纪念意义的工艺品或者当地的美食，送给亲朋好友。但是在山东省海洋旅游的景点中，卖旅游纪念品的商场很少，而且价格高，游客可选择性小，造成大部分游客不会选择在景点购买商品。

5. 旅游开发形式单一，缺乏规模效应

山东省海洋旅游主要依托漫长的海岸线和星罗棋布的岛屿。山东的海岸线上，海滨风景秀丽，风光旖旎，海岛景观独特，这成为吸引游客的一大亮点。但是，自从发展海洋旅游，海岸风景、海岛景观一直是主要卖点，到现在都没有改变。海洋旅游开发形式单一，始终围绕着这两点，没有与时俱进的创造、创新。沿海城市各个旅游景点依然停留在海水浴场、海景景观这些单一的海洋旅游资源上。这样的海洋旅游资源在各个滨海城市都存在，对游客没有独特的吸引力。没有属于自己的创新的旅游项目，就无法打造自己的品牌。各个海洋旅游景点之间没有关联，各自为战，甚至有的相互竞争游客资源。这些现象增加了旅游业的运营成本，更多的资金用来竞争游客资源，而不是用于自身的设备升级、景观改造、服务创新。各个景点之间相互倾轧，恶意竞争，破坏的是山东省整个沿海区域的旅游环境。当代经济是全球化的经济，现代旅游业也有成规模集群化的趋势。山东省沿海的旅游资源却相对松散，没有形成规模。各个旅游景点就像一盘散沙，没有统一的管理、统一的规划，无法形成规模化的旅游集散地①。单个景点对游客的吸引力远远不足，形成的经济效益也有限。没有塑造一个响亮的品牌，增加自身的影响力。

6. 管理体制不完善，存在一些乱收费现象

山东海洋旅游资源丰富，分布范围广，在3000多公里的海岸线上，都是秀丽的风景。如此广阔的空间跨度，如果存在管理不到位、管理体制不完善的问题，就容易滋生各种各样的问题。首先，因管理体制不完善，容易出现乱收费问题。有的景点无视定价规定和收费标准，肆意抬高景点门票价格，扰乱景区门票市场，造成游客投诉。有的景区饭店、购物场所也哄抬物价。有的小商贩带着商品进到景区售卖，这些商品大部分没有经过工商管理部门和食品药品监督管理部门的检验，不具备出售的资质，对游客的身体健康构成威胁，也扰乱了市场秩序。景区停车场也存在乱收费的问题。这些价

① 马丽、赵园园：《山东省城市旅游竞争力评价研究》，《商场现代化》2012年第10期。

格乱象大部分是由管理体制不完善造成的。此外，导游强制购物的情况也屡禁不止。这些现象虽是少数人的违法行为，但极大地抹黑了山东省滨海旅游业的形象，同时也折射出管理体制不完善的问题。这种现象对旅游城市的形象造成极大损害，没有人愿意去这种“宰客”行为遍地的城市旅游。这样的现象如果不能遏制，对旅游城市的影响将是致命的。

7. 人才短缺，技术支持力度不够

所有的发展都离不开人才的支持，所有的竞争归根到底都是人才的竞争，所有的创新归根到底都是人才的创新。人才是发展的根本，是创造、创新的关键。海洋旅游也是这样，离不开人才的支撑。但是，目前山东省海洋旅游的专业人才短缺，海洋旅游的高级管理人才更是稀缺。没有专业的人才，就没有正确的组织引导，生态旅游就是一句口号①。塑造海洋旅游品牌依然要靠这些专业的人才去做。没有专业的人才，无法将海洋旅游品牌做大做强。专业的人才不仅能够系统地管理旅游资源，还能够合理地整合这些资源，形成更大的规模，具有更强的竞争力和吸引力，塑造更好的品牌。他们能够运用专业的知识，促进海洋旅游的可持续发展。人才的短缺将是发展海洋旅游、塑造海洋旅游品牌的一大瓶颈。人才培养机制不健全，对海洋旅游管理人才重视不足，会导致培养人才的高校和科研机构没有专门的培养计划和专业的培养团队，使人才的短缺成为必然。

二　山东省海洋旅游品牌塑造的发展思路

山东省海洋旅游品牌塑造过程中有得天独厚的优势条件，也有各种各样的问题。基于这些问题，本文提出以下几点策略。

（一）转变海洋旅游发展的思想

如何促进山东省海洋旅游业又好又快地发展？首先要正确认识和了解中国经济和社会的发展现状，为现代旅游业发展把脉。党的十九大报告中提出中国进入特色社会主义新时代，社会的主要矛盾已经转化为人民日益增长的美好生活需要和不平衡不充分的发展之间的矛盾。因此山东省海洋旅游业的发展和品牌塑造要紧扣时代的脉搏，在整个国家的经济大形势中准确找到自

① 张红贤、马耀峰：《青岛主要国际旅游市场评估策略研究》，《统计与决策》2006 年第 15 期。

己的定位和发展方向。从现在社会主要矛盾的转变可以看出人民对美好生活的需求日益增大，人民手中的资金日益充足，旅游特别是海洋旅游成为人民放松身心、获取美好生活体验的选择。但是，山东省的海洋旅游业发展不平衡、不充分，海洋旅游品牌的塑造不完善、不彻底①。山东是整个华北地区海洋旅游资源最丰富的省份，也是西北地区人民海洋旅游休闲的首选去处。如此庞大的市场和需求，对应的却是山东省海洋旅游发展不充分的现实。青岛的发展遥遥领先，烟台、日照发展不充分，威海、东营则远远落后。因此山东省海洋旅游业要转变思想，加大对海洋旅游业的投入，大力发展滨海城市的旅游业。山东省要面向海洋、走进海洋，出台一系列的政策促进海洋旅游业的发展，提升山东海洋旅游的品牌效力。当今世界不管是发展经济还是加强国家管理，要解决的问题都是发展生产，实现共同富裕。中国改革开放40 年来，一部分人先富起来，带动另一部分人也富裕起来。要使贫困的人富裕起来，就要不断发展生产，开辟新的发展道路。中国有广阔的海岸线和海岛资源，自然将目光投向海洋。这对山东省来说是一个发展海洋旅游和海洋经济的良机②。

（二）政府加强旅游资源整合，形成强有力的品牌效应

山东省虽然有丰富的海洋旅游资源，却没有形成强有力的品牌。因为山东省海洋旅游资源分布分散，没有进行资源整合，如一盘散沙，没有规模化，更没有竞争力。山东省要加强政府的资源配置能力，合理整合海洋旅游资源，形成规模化的旅游集散地，打造自己的特色品牌。例如，2011 年 1 月 4 日国务院批复《山东半岛蓝色经济区发展规划》后，山东省明确提出，把青岛、烟台、威海三个地区（以下简称“三地”）打造成为具有山东特色的山东蓝色旅游品牌。这是一项重要举措，半岛蓝色经济区建设的进展对改变中国旅游格局具有重要意义和影响。这一品牌的塑造对于促进蓝色旅游和绿色区域经济社会快速发展，起到至关重要的作用。三地周边环境优美、气候宜人、自然风光秀丽、文化底蕴深厚、交通便利、旅游资源丰富。截至目前，三地有 1000 多个海滨、海滩，聚集了海岛、岛屿、海岸、山区、森林、

① 谷传娜：《山东半岛蓝色经济区海洋旅游竞争力分析及政策建议》，硕士学位论文，山东财经大学，2012，第 1 ~ 5 页。

② 潘树红：《青岛滨海旅游业发展趋向与对策》，《海洋开发与管理》2003 年第 4 期。

泉水、城市等自然景观，拥有丰富的文化基础，形成了独特的山东海洋文化，为旅游开发提供了500个有价值的旅游景点①。目前，三地海洋旅游品牌的塑造还面临着诸多困难和障碍。三地拥有的丰富的海洋旅游资源并没有起到引擎的作用，没有带动三地海洋旅游业的发展。三地缺乏统一的规划管理，对外宣传都是有各自的标语，没有形成统一的整体和一个响亮的金字招牌。品牌的塑造不够完善，知名度和美誉度都不够。山东省为打造三地的蓝色旅游品牌，突破种种困难，提出以下几点策略。一是加大海洋旅游资源的整合力度，打破单一的各自为政的发展模式，向规模化、多样化、集约化发展。二是加大宣传力度，形成整体的品牌形象。三是加大政策扶持，形成良好的发展环境。山东省海洋旅游品牌的塑造完全可以借鉴三地的发展模式，将全省海洋旅游资源整合起来，统一规划、统一配置，形成山东省自己的海洋旅游品牌，这样有助于品牌的塑造和发展。

（三）政府加大政策扶持，创造优质环境

1. 积极争取国家的优惠政策

国务院2009年12月31日发布《关于促进海南国际旅游岛建设和发展的若干意见》，正式将海南国际旅游岛建设上升为国家战略。山东省的海洋旅游要借鉴海南省的发展经验，积极向国家争取优惠政策，如境外游客免签证、购物离境退税等政策，从而为山东省海洋旅游创造更好的发展环境②。这些政策可以在海洋旅游城市进行试点，取得好的效果再向全省推广。这对山东省海洋旅游品牌的塑造具有积极的作用。

2. 政府要加大财政和税收的支持

海洋旅游业的前期投入巨大，资金回收缓慢，容易造成资金链的断裂，使海洋旅游业的发展遭遇瓶颈。政府可以设立专项资金，以政府投资为主，带动中小企业的投资，加强资金保障，通过税收优惠政策，使更多的资金流向旅游业的发展中去。政府也可以通过金融优惠政策，降低旅游业的信贷利率，减小贷款企业的还款压力。

3. 政府招商引资，推动投资主体多元化

政府可以通过招商引资，吸引更多的民间资本投入海洋旅游业的发展

---

① 邹统钎：《中国旅游景区管理模式研究》，南开大学出版社，2006，第 55 页。

② 王瑛、宋伟：《青岛市旅游形象定位及产品开发对策》，《青岛职业技术学院学报》2009 年第 1 期。

中，推动旅游投资主体多元化，为旅游业的发展注入新的活力。加强山东半岛海洋旅游业的一体化进程，为山东省海洋旅游品牌塑造提供强有力的政策和资金支持，为山东省海洋旅游业发展创造更加有利的条件。

（四）加大山东省海洋旅游品牌的宣传推介力度

1. 加强宣传推介

确定品牌的所有形象，实施品牌营销策略，共同努力打造山东省特色旅游品牌。山东省海洋旅游形象的广告语言和标识，在全国范围内公开征集，由公司及专业设计团队策划设计，并与中央电视台等主流媒体进行合作，通过广播、电影、网络、动画、电影主题、形象代言人等方式介绍蓝色旅游标志。例如，在北京南站等人流量大且具有影响力的公共场所投放大量的广告，增加广告的档次和可信度，有利于扩大海洋旅游形象和品牌的知名度。

2. 充分利用国际会议进行推销

利用国际会议，如上海合作组织青岛峰会、国际展览、青岛啤酒节、烟台农业博览会、威海人居节等主要活动平台，将大量的旅游信息和旅游产品推销出去，让游客面对面地感受山东省海洋旅游的独特魅力，加强销售力量，增加旅游经济收入①。

3. 建立山东省海洋旅游网站

利用互联网平台便捷高效、影响力大、影响范围广的特点，扩大势头和影响力，通过网络为游客提供山东城市旅游信息，让更多的人了解山东，认识山东海洋旅游业的优势。将自己的特色通过网络以最快的速度、最真实的面貌呈现在游客的面前，增加自身的吸引力。开发扩大客户市场，加强对北京、天津、河北、河南和西北地区的营销力度，利用自身优越的地理位置和丰富的海洋旅游资源，提高国内游客对山东海洋度假胜地的品牌认知度②。与省际的电视台、报纸、广播合作，推广山东省海洋旅游的品牌，使这些省（区、市）的游客树立一种要海洋旅游就去山东的意识，扩大山东省海洋旅游的影响力。

---

① 李天元：《旅游目的地定位研究中的几个理论问题》，《旅游科学》2007 年第 4 期。

② 钟栎娜、吴必虎：《中外国际旅游城市网络旅游信息国际友好度比较研究》，《旅游学刊》2007 年第 9 期。

（五）加强基础设施建设

基础设施建设是发展海洋旅游的基础，也是海洋旅游品牌塑造的基石。没有完善的基础设施建设，所有的一切都只是纸上谈兵。所有的旅游景区能够运转下去，都离不开基础设施的支撑，景区的各种设施都来源于基础设施。所以加强基础设施建设是发展海洋旅游、塑造海洋旅游品牌的关键。

1. 加强旅游景区的交通建设

景区一到人流高峰期就会出现拥堵，给游客的出行带来不便。应对景区的道路和停车场进行合理规划，根据高峰时期车流量的数据，适当加宽道路，增加停车场车位，增加旅游巴士的运营，积极引导游客乘坐旅游巴士等交通工具，倡导绿色出行，缓解景区交通压力①。

2. 对景区内老旧的设备进行维修换代

对卫生条件差的卫生间进行改造，使之达到景区卫生间的建造标准，给游客一个舒适卫生的环境。增强游客的游玩体验，对于旅游品牌影响力的提升具有重要意义。对于游玩设施，要按时检查，排除安全隐患。对于具有安全隐患的设备，要及时维修更换，为游客的生命安全保驾护航。

3. 加强滨海城市酒店旅馆的建设

让游客可以多样选择居住地点和场所，同时住得舒适安心。积极引进高档酒店和连锁酒店，形成高档和舒适梯次结合的结构，满足不同消费层次的游客，同时为游客提供更多的选择，营造舒适的居住环境②。

4. 建设大型的购物商场

将本地具有特色和旅游纪念意义的商品集中到购物商场中，统一规范地管理，做到让客户放心购买，不用担心被“宰”。让游客有一个能够一站式购齐旅游产品的地方，游客购买的旅游商品就是海洋旅游的活广告，这些商品通过游客到达游客所在城市，在游客赠送亲朋好友的过程中让更多的人感受到旅游产品的魅力，达到吸引游客的目的，扩大山东省海洋旅游的知名度和品牌影响力。

（六）丰富旅游开发形式，增加吸引力

海洋旅游品牌的塑造不能局限于海洋旅游资源等自然景观，要和当地的

---

① 刘雯、盛红：《建设山东省海洋旅游经济带研究》，《改革与战略》2009 年第 5 期。

② 陈婷婷：《山东省海洋旅游业可持续发展评价及对策》，《滨州学院学报》2010 年第 2 期。

文化、运动、风俗、节日等结合起来，形成海洋旅游产业链，增加自己的影响力和品牌效力。以青岛为例，青岛具有丰富的海洋旅游资源，又有多样的风土人情，要将自然景观和人文景观结合起来，增强自身的吸引力。

1. 充分利用滨海资源优势

青岛的自然滨海风景具有很强的吸引力，已经吸引了越来越多的游客，形成了自己的旅游观光路线。在此基础上，要充分利用青岛滨海资源的优势和举办2008年奥运会帆船比赛的知名度，开发更多的运动休闲旅游产品。在青岛奥帆基地开展帆船体验项目，让游客感受奥运会的风采，在让游客感受青岛滨海风光的同时，也感受青岛作为帆船之都的魅力。青岛地区还可以利用崂山这一滨海风景名胜，开发登山健身的旅游项目。登山以观沧海的美景也是青岛的一大特色[①]，让登山爱好者在登山的同时感受青岛的滨海美景和文化魅力。还可以开发海上垂钓、海上戏水、海底潜泳、海底世界等海洋旅游项目，给游客更多的选择和更多的游玩体验。

2. 青岛要加大对历史文化古迹的开发和保护

青岛的八大关和教堂等古建筑成为游客的必游景点。将青岛的民俗文化、美食和购物集中到这些老街区，使之融入景观之中，增加游客的购物热情，让他们更好地了解青岛的风俗和文化，对青岛的人文情怀产生深刻的体验。

3. 发挥青岛啤酒的影响力

青岛要积极利用青岛啤酒的影响力，大力开发青岛啤酒文化，将青岛啤酒节办成具有世界影响力的节日盛会。以青岛啤酒之名向世界发声，扩大青岛啤酒的影响力和知名度。不仅要吸引国内的游客，也要吸引国外的游客来青岛赏海景、喝啤酒。将青岛啤酒和足球比赛等激情赛事结合起来，让激情狂欢的娱乐文化氛围浓郁起来，成为青岛新的名片。还可以引进游轮项目和海上滑翔机，与海岸上的旅游项目结合起来，形成海陆空三位一体的综合海洋旅游。烟台可以将长岛、蓬莱仙境和当地的栖霞苹果、红酒等文化结合起来，打造自己的独特品牌[②]。山东省沿海城市的文化风俗各不相同，应将这些文化整合起来，与海洋旅游资源相结合，打造自己的海洋旅游品牌。只有开发特色的旅游项目，才能吸引更多的游客。

---

① 陶梨：《城市旅游管理》，南开大学出版社，2008，第42页。

② 李永军：《青岛市旅游形象再定位研究》，《山东师范大学学报》（自然科学版）2005年第4期。

（七）建立健全完善的管理体制

山东省海洋旅游近几年迅猛发展，在发展的过程中暴露了诸多问题，管理体制不健全就是其中之一。管理体制不健全滋生出一系列旅游乱象。比如景区的乱收费、环境差、商贩“宰客”等问题。这一系列的问题损害了游客的切身利益，也损害了山东海洋旅游品牌的塑造，影响了山东省海洋旅游的整体形象，不利于山东省海洋旅游的长远发展。由此可见，建立健全完整的管理体制迫在眉睫。首先，要完善管理体制，必须依赖于强有力的宏观调控和良好的行政法律手段的控制和引导。这需要政府站在高处，运用法律的手段进行宏观调控。政府可以根据本地的情况，出台相应的法规，对这些旅游景区的乱象进行规范。再好的制度也需要执行者，政府部门之间要通力合作，出台政策之后，城市执法部门要积极跟进，对政策要切实执行，做到有法可依、有法必依、执法必严、违法必究。要切实对景区乱象进行整治，规范定价机制，将乱抬价、乱涨价的现象杜绝于萌芽状态，让宰客的行为一去不复返，让景区的环境优美起来。应给游客营造良好的游乐环境，让山东省海洋旅游以整洁、优美、淳朴的品牌形象进入游客的眼中。其次，健全的管理体制还要全体人员共同维护。因此要加强维护景区卫生和景区管理秩序，就要加大对维护海洋旅游景点秩序重要性的宣传，可以在景区内醒目的位置设立宣传标语和宣传栏，在景区入口售票大厅设置宣传专栏，景区内可以通过广播播放宣传语，让游客一进入就能看到、听到，在游玩的同时自觉遵守景区内的各项规定，共同维护良好的秩序①。让商贩、游客、管理者都积极参与到公共秩序的管理中，从根源上杜绝景区内各种乱象的发生。

（八）加强人才的培养和引进

当前社会所有的竞争归根到底是人才的竞争，人才是塑造山东海洋旅游品牌的支撑力量。只有专业的海洋旅游人才和管理人才，才能将海洋旅游导向长远发展之路，所以人才是制胜的关键。如何才能引进和培养优秀的人才是山东省海洋旅游发展面临的问题。实施人才战略，首先是引进先进的人才。山东可以向海内外成功的海洋旅游城市借鉴经验，引进人才，以更好的待遇、更好的发展前景吸引专业人才来山东发展，以带动山东海洋旅游品牌

① 刘洪滨：《青岛市海上旅游发展的思考》，《展望论坛》2008 年第 2 期。

的塑造。山东可以放宽这些专业人才的落户条件，让他们可以在山东的滨海城市自由落户，提供优惠的购房政策，让优秀人才真正能在山东扎根发展。其次是要培养自己的优秀人才。授人以鱼不如授人以渔，只有自己拥有完善的人才培养方案，才能使优秀的人才源源不断地投入发展山东省海洋旅游的浪潮中去。要培养人才，首先要有自己的培养机构，山东省拥有山东大学、中国海洋大学、中国石油大学（华东）等一批国内一流大学，还有青岛大学、青岛科技大学、鲁东大学等一大批正在崛起的高校。在这些学校中设立专门的海洋旅游专业，聘请知名专家教授讲课，系统科学地传授海洋旅游知识，培养专业人才。加大对海洋旅游研究机构的投资力度，让研究机构培养更多的人才和制定出更加科学的海洋旅游发展之路。

结　语

山东省海洋旅游品牌的塑造是一个宏大的工程，需要政府、社会、游客、管理人才的共同努力。山东以雄踞华北东部沿海的独特的地理优势和丰富的海洋旅游资源，将多样化的民族风俗、先进的现代科技和旅游资源结合起来，打造属于自己的半岛海洋旅游品牌。应将“好客山东”、“一山一水一圣人”、滨海旅游区结合起来，以全省之力发展旅游业这一低碳、环保的朝阳产业。只有塑造更加著名的海洋旅游品牌，才能吸引更多的游客到山东省旅游，更好地发展海洋旅游经济，才能有更多的资金投入海洋旅游业的发展和品牌塑造，借以吸引更多的游客，使具有秀丽的滨海风景、丰富的海洋风俗、多样的海洋产业的山东海洋旅游品牌立足中国、走向世界。

Thinking about Brand Building of Marine Tourism in Shandong

Liang Yongxian

(Jinan Academy of Social Sciences, Jinan, Shandong, 250000, P. R. China)

Abstract: This paper analyzes the advantages of building Shandong marine tourism brand, and points out the problems and shortcomings in building Shandong marine tourism brand. Uneven distribution of tourism resources; Infrastructure construction is not perfect; the management system is not sound; Problems such as talent shortage. And elaborated Shandong ocean tourism brand building development idea: the first, change the thought of marine tourism development; the second, the government strengthens the tourism resources integration strategy, forms the strong brand effect; the third, the government increases policy support to create a quality environment; the fourth, strengthen the promotion of Shandong marine tourism brand; the fifth, strengthening infrastructure construction; the sixth, enrich forms of tourism development and increase attraction; the seventh, establish and improve the management system; the last, strengthening the cultivation and introduction of talents.

Keywords: Marine Tourism; Brand Building; Tourism Resources; Confucian Culture; Number of Visitors

（责任编辑：孙吉亭）

基于文化视角的滨州市港口发展理论探索*

尹德伟**

摘　要　港口文化是指人类以港口为依托，在这个特定空间内经过长期的生产生活活动所形成的某种独特的物质和精神特质。山东省滨州市港口文化的发展具有综合的基础优势。加强滨州港口文化的培育发展，既是滨州港口经济产业发展的需要，也是滨州在山东新旧动能转换中，实现更加开放、高质量发展的需要。滨州港地处国家级生态规划区，港口建设面临着生态环境承载力弱的发展瓶颈。应坚持港口绿色发展理念，突出生态特色，在人与自然的和谐中彰显滨州港口文化特色的魅力和价值，把"生态滨州"的理念贯彻到港口的建设、运营中，塑造滨州"生态农港"的港口品牌。

关键词　文化视角　港口文化　港口经济　发展理念　理论探索

文化是人类在社会实践中创造的物质、精神财富的长期沉积，是对一个地方人群在过去一定时期内的社会政治和经济的反映，同时又是对该地区未来的社会政治、经济产生巨大影响和反作用的一种无形的力量。港口作为多种交通方式的交汇点，承载着国家和城市之间的经济、文化、贸易交流。作为国与国、城与城经贸、文化交流的平台，港口文化是多种文化的交汇点。

* 本文为山东省社会科学规划研究项目"山东发展高质量海洋经济加快建设海洋强省战略研究"（批准号：19CHYJ14）、2019 年山东社会科学院创新工程重大支撑课题阶段性成果。

** 尹德伟（1962 ~），男，山东社会科学院山东省海洋经济文化研究院副研究员，主要研究领域：海洋经济。

港口文化是指人类以港口为依托，在这个特定空间内经过长期的生产生活活动所形成的某种独特的物质和精神特质。港口文化是港口以其特有的包容性、接纳性、亲和力发展出的特定的文化形态。在多种文化交汇融合过程中产生发展的港口文化，不仅是港口发展的重要精神力量，也是港口发展的现实支撑。港口文化的作用有以下几点：一是提供凝聚人心、激励斗志的原动力；二是提供鲜明的城市和港口形象；三是通过文化创意和服务产业提供直接的经济发展要素。

一　港口文化的历史归纳

学者对港口文化的研究主要是从港口发展归纳的文化特质开始。梁启超先生在对比研究中西方文化后，在《地理方位和中国文化》一文中认为，港口文化和中国传统文化相比具有进取性、冒险性、自由性和灵活性。这是梁启超先生对海洋港口文化的精神特质所做的定位。当代作家余秋雨先生也归纳出港口文化的三个特点：全球视野、高敏感度的节奏和多元生态的结合。

二　港口文化的当代特点

笔者综合以往研究和国内各地调研认为，港口文化的显著特点就是开放性、多元性和务实性。

一是港口文化的开放性。港口处于海洋与大陆的边缘，是大陆腹地经济、文化与海外联结的节点和通道口。因此，港口城市的人的思想具有明显的外向型特征。所谓的开放，是相对于内陆地区封闭而言的。就海洋港口而言，它是中国与国际直接交往的门户，也是大陆文明与海外文明思想汇集的窗口。港口不仅是商贸经济发展的通道口，也是不同文化的交汇与创新地。因此，港口文化的开放性是港口城市经济文化一直保持较高活力和创新的根源。

二是港口文化的多元性。这是由港口的地理、区位自然属性决定的。港口是多种交通方式的交汇点，有空运、铁路、公路、水路、管道 5 种运输方式，其他城市可能只存在其中二种或三种，唯有港口城市汇集全部 5 种方式。港口城市往往是海洋、陆地、河流、平原等多种地理形态的交汇点，同时也是各种经济形态和文化形态的交汇点。因此就文化而言，港口是各种海外文化与内陆文化的交汇点，是多种文化、风俗的碰撞、融合地。因此，港口文化往往是一个地区大陆文化与海外文化的复合体，是一种“土洋文化”的复合体。

三是港口文化的务实性。这主要体现了商业文化的影响，注重效率、规则和信用，这些都是商业发展需要的文化特质。作为重要的物流枢纽，特别是近代以来，港口的发展和全球商业发展是同步的，在商业社会高度竞争中形成的守信、效率、法治、规则同样适用于港口。这一点在欧美港口体现得比较典型，对中国港口及港口城市的发展显得尤为重要，因为这恰恰是中国港口最欠缺和需要加强的。就国内不同区域而言，相对经济较发达的长三角、珠三角文化而言，中原内陆及黄三角文化在这些方面的差距尤其明显。

三　滨州市文化禀赋和发展港口业的文化优劣势分析

（一）滨州的文化特色底蕴

一是独有的地域文化特色。滨州是吕剧发祥地，是全国闻名的“吕剧曲艺之乡”“草柳编艺之乡”“秧歌文艺之乡”，具有鲜明的大陆农耕文明的乡土文化特色。

二是文化历史悠久厚重。滨州是黄河文明和齐文化的发祥地之一。滨州剪纸、胡集书会、博兴吕剧、沾化渔鼓戏等各种乡土民俗文化丰富且历史悠远。孙武、东方朔、范仲淹、董仲舒等历史文人哲学思想博大精深，魏氏庄园、孙子兵法城、秦皇台等历史名胜古迹对滨州文化影响广泛，因此滨州是中国大陆农耕文明和东方古哲学思想的汇集地。到 2008 年末，滨州市有市级以上重点文物保护单位 53 处，市级以上非物质文化遗产项目 63 项。

三是文化设施基础较好，特色文化品牌有亮点。滨州市近年来不断加大文化建设投入力度，一大批公共文化服务设施建成并向社会开放。黄河文化创意产业博览会、小戏艺术暨董永文化旅游节、国际孙子文化旅游节等文化节庆活动形成了具有滨州地域特色的文化品牌。

四是自然优美，生态环境好。滨州的山、大湖、湿地、滩涂等自然资源得天独厚。

（二）发展区域文化，促进滨州高效生态港建设的优势

一是区位优越，经济基础较好。黄河三角洲已成为继珠三角、长三角之后上升为国家开发战略的第三个大河入海口区域经济中心。滨州地处黄河三角洲腹地，同时位于京津冀和山东半岛两大经济区的连接地带。随着环渤海湾高铁的贯通以及烟台—大连海底隧道的贯通，滨州未来将成为连接胶东半岛、辽东半岛和京津冀的节点城市。另外，河口文化、海洋文化和大陆农耕文化的汇集交融，为滨州经济社会发展提供了很好的支撑。滨州物流、信息流通便利，若能建成深水港，临港工业发展将带动人流聚集，便于形成新的文化形态。滨州港是济南都市圈最近的出海通道和对外开放门户，为滨州北海新区发展成为山东海上北大门，全面对接天津滨海新区奠定了基础。滨州港与天津港、曹妃甸港相距不足 100 海里，腹地不仅广阔，而且经济发达、物产丰富，为发展港口物流创造了条件。土地资源丰富，滨州北海新区拥有滩涂 100 万亩，－10 米浅海 260 余万亩，盐荒地 150 万亩。滨州北海新区内地势平坦，工程条件相对较好，且不属于耕地，是大规模工程开发和城市建设的宝贵资源。经济基础较好，2018 年滨州北海新区生产总值实现 16.8 亿元，城镇居民人均可支配收入实现 35936 元。便利的交通和较强的经济基础为滨州北海新区文化建设提供了物质基础。

二是滨州北海新区没有历史包袱。多个城市的实践表明，在受传统文化影响较深的老城区，新的文化形态可能较难产生发展，在滨州北海新区反而会容易一些。滨州北海新区历史上少有人居住，建成后将陆续吸引产业和人群进驻。区域新居民形成文化共识、新的文化氛围相对容易。由于没有历史包袱，可以在全新的城区发展更积极、更开放的区域文化，建设以海洋文化为基色的港口文化，在白纸上描绘最美的画卷。

三是生态和谐。滨海特色生态保护较好，旅游资源丰富：北部沿海的贝砂岛是全国唯一的特殊地貌类型，有 800 多种水生生物资源，野生植物上百种，各种鸟类约 187 种。此外，邹平鹤伴山、博兴麻大湖、无棣碣石山、沿海湿地、滩涂等自然资源得天独厚。优美的自然环境和丰富的物种资源为滨州北海新区文化形成提供了自然基础和宽松的环境，更利于形成尊重自然、爱护生态和可持续发展的氛围。

四是人本思想浓厚，信义思想和契约意识暗合。信用是儒家文化的支柱之一。作为受儒家思想影响较深的地区，滨州有浓厚的人本思想，这一点在

发达的民间文化中有突出体现。同时诚实守信作为地域文化的亮点，与市场经济要求的规则和信用，以及作为商业文化核心的契约意识相契合。诚信作为滨州地域文化的亮点，使滨州在建设面向海洋的港口商业文化方面，有独特的优势。

（三）滨州发展高效生态港口的文化短板

文化的产生和发展有自身的特殊规律。历史和区域文化发展表明，越是历史文化悠久的地区，文化积淀深厚反而成为接受新事物、新文化的阻力。从滨州的文化禀赋来看，占据主流的仍是传统的黄河文化，海洋文化所占的比重较少。即使其少量的海洋文化的成分，也呈现典型的农业文化特征。这与中国深厚的农耕文化传统密切相关。

一是从历史发展来看，农耕文化长期处于主导地位。中国尽管具有漫长的海岸线，但是独特的地理、自然环境，尤其是太平洋西岸恶劣的海况以及人类航海技术的因素，决定了大陆农耕文明主导了中国文化进程和发展轨迹。尽管中国古代航海业一度很发达，曾开辟了海上的丝绸之路，但是这丝毫没有动摇大陆农耕文明在东方国家的主导地位。古中国的海洋文明只是大陆农耕文明向海洋的延伸，因此中华文化是靠近海洋的陌生人，中国学者也普遍把中华文明看成农耕文明。中国港口文化是在农耕文化和海洋文化交汇处产生和发展的，从发展历程上看，内陆文化一直是主导，中国的海洋文明呈现典型的农业性特征，严格来说只能称为海耕文明。人类长期的经济生活行为模式决定了人的性格、思想和精神特质。比如修建滨海长城海塘，发展海洋垦殖盐田、潮田等看起来是一些海洋、临海生产行为，但其目的是保护内陆的农业经济，本质上是将海洋作为农业资源的补充。滨州受儒家思想影响较深，呈现比较典型的农耕文化占主导地位的地域文化特征。我们对儒家文化要一分为二地看待，除了前述重视信义、以人为本的积极作用外，更有排斥商业、等级观念强造成社会运转低效的负面影响。

二是从国内港口城市发展实践来看，新港口发展有诸多文化障碍。凡是受海洋文化影响较大的城市大多历史较短。历史文化积淀较少，为港口城市接受外来文化减少了阻力。不论是上海还是深圳，历史都不久远，在成为港口城市之前，传统文化的影响力不强，一旦与海外文化相碰撞融合，一种内外兼具的独特港口文化会迅速推动港口区域的经济社会发展。相反，天津这类具有悠久历史的城市，虽然已经开埠上百年，但是传统的文化根深蒂固，不仅对开放的、重商的、务实的外来文化不予接受，而且这种文化优越感还排斥外来文化，对城市的发展和经济的发展造成阻力。

三是港口间、城市间激烈的竞争。文化的形成是一个相对漫长的过程。在滨州北海新区文化形成的过程中，传统的地域文化、港口的主要业务品类、临港产业的发育程度、港口的经济实力等因素都会有较大的影响。同时，港口文化也会反作用于以上因素，在经济、产业、城区发展过程中交互影响。目前，环渤海有8个亿吨大港，山东沿海密布着26个港口，很多已经形成独具个性的港口文化。作为后发的滨州港，缺乏港口文化的积淀，港口和城市形象不鲜明，需要一段时间的积累。如果借助地域文化优势，克服文化短板，在文化建设上取得突破，建设独具个性魅力的地域文化和港口品牌，会在激烈的竞争中为港口发展争取更大的空间。

四　港口文化助力推动港产城联动发展

（一）滨州发展港口文化产业的作用和必要性

目前，现代港口正由传统的以装卸、中转服务为主，向具有仓储、现代物流、临港工业、金融、商贸和信息服务等多种功能的现代化港口发展。如前所述，地域文化和企业文化资源提供发展动力、形象支持、组织支持、劳动力支持。港口文化对港口经济发展起重要的推动作用，主要通过人力资本状况、技术创新能力、文化价值观来间接影响经济增长。此外，文化资源变成文化创意产业要素还可以通过完善港口服务功能，优化产业链条，促进经济增长。

港口文化资源的精神内涵具有多样性、商业性，这决定了港口文化资源具有无穷的开发潜力。国内外实践表明，各种创意产业围绕港口兴起而发展。在围绕港口文化资源兴起的各种创意产业中，生活性创意产业既能传承港口文化，又能创新港口文化，是一种最为普遍的港口文化资源利用模式。港口文化资源不但有助于增加文化实践的地方文化认同，有助于丰富港口地区居民文化生活、增加就业机会等①，还可转化为生产性创意产业，如传统港口工业、服务业的改造等。比如现代临港工业或港口物流业在港口文化创

① 马仁锋、任丽燕、庄佩君：《基于文化资源的沿海港口地区创意产业发展研究》，《世界地理研究》2013年第4期。

意产业的渗透与介入情况下，既可提升港口产业所处价值链的层级，又可产生新型港口产业①。

滨州应该建立起一种以经济为基础、社会为载体、文化为精神，融合互动的滨州文化产业发展新模式。通过价值观、制度、政策环境的系列创新，以及多种文化元素的共同作用，促进传统文化资源转化为新时代生产力，从而成为推动地方经济实现新旧动能转换的巨大力量。实现港口文化资源产业化过程的经济、社会、文化与环境效益的有机融合，需要不断创新港口文化资源开发理念和开发路径。

（二）滨州文化创意产业发展的制约因素和发展路径

改革开放以来，滨州地区经济社会得到很大的发展，但是丰富的文化资源和较好的经济基础并没有推动滨州地区文化产业快速发展，其根源主要有以下几点。

一是经济和市场意识不强。长期以来，计划经济思想一直主导着滨州文化资源的开发轨迹，过多强调文化资源的社会性和公益性，忽视了文化资源的经济性和可产业性，长期缺乏对文化资源经济性质、可产业化特点和规律的思考，对本地区文化资源整体的开发思路不清楚。

二是文化体制改革相对滞后。中国文化体制改革在某些环节已取得进展，但在文化产业领域的体现仍然不明显，主要存在产业不经济、事业不公共等问题。这些问题严重制约和影响了滨州地区文化产业的发展。

三是文化创意产业的发展需要以人流聚集和产业聚集为条件，在新区初建期间还需要一定时间来完善这些条件。

经过研究发现，滨州港口文化资源在转化潜能、介质、路径、模式和运作机制五个方面都具备可行性。

结合各地发展实践和滨州实际情况，滨州北海新区港口文化创意产业的发展路径和条件包括以下内容。

一是超前规划，加强引导和培植。港口文化资源向港口文化创意产业的转化，是适宜条件的港口文化的创新理念思想、资本、市场运营管理等要素的融合体。也就是在市场要素的主导下，将滨州北海地区的独特港口文化资源，同现代创意、媒介、市场需求等进行网络式融合，以较为合理的社会效

① 王心明、李向文、许杰：《航运文化内涵的解读》，《世界海运》2012 年第 6 期。

益分享形式实现地方经济与环境保护可持续发展。这就要求必须将文化资源的利用、创意产业的培育、产业市场的发展前景与地方发展整体框架实现有机统一，培育以产业链为核心的文化资源创意型产业集群。

二是明确受益主体，发挥市场机制作用。实现文创企业与居民之间有效分享港口文化资源产业转化过程中的利益，是港口文化资源转化为港口文化创意产业并可持续发展的根源所在①。在这个过程中，必须坚持市场化取向。在港口文化资源进行文化创意产业化的过程中，要始终坚持“开发者受益、谁开发谁保护”的原则。开发者在获得产业发展经济效益的同时反哺文化资源保护，构建以开发促保护和以保护促开发的良性互动的可持续发展模式。

三是鼓励特色创新。滨州北海港口文化资源创意产业化要充分体现港口文化的多样性。港口文化具有海陆文明交融性，港口文化创意产业要致力于产业联动、海陆互动和文创产品的多元化和特色化，文创产品要突出具有海岸、海洋、海岛与港口特色的创新发展思路②。

（三）滨州发展港口文化创意产业的选择

一是临港现代服务业。重点发展农业加工的人力资源外包服务业、生活服务业、广告设计业。借鉴上海浦东临港文化创意产业园的发展模式，依托临港园区发展创意产业。浦东临港文化创意产业园就是依托洋山国际深水港和临港新城的开发建设，凝聚多方广告创意传媒精英、整合创意传媒各界力量打造出的一个具有特色的港口文化创意产业园区。该产业园致力于建设富有特色、效益显著、功能齐全、带动力强的具有海洋文化产业特色的传媒及文化产业集聚区，园区特色注册行业有广告传媒、影视制作、演出经纪、投资管理。

二是滨海旅游业。充分挖掘本地独特的滨海旅游资源，突出黄河三角洲滨海原始自然风光新、美、奇、特、旷的特色，以沿海湿地、贝壳堤、岛屿、盐田和入海河流等为依托，做足做好沿海观光、湿地旅游、滨海垂钓、岛屿狩猎、水上运动、海鲜品尝、休闲度假文章，叫响黄河三角洲原生态自

① 杨爱国、杨特：《滨州文化产业发展的 SWOT 分析及对策》，《滨州学院学报》2011 年第 2 期。

② 杨高：《从文化内涵与文化结构视角论高校校园文化建设》，《中国成人教育》2012 年第 15 期。

然景观旅游品牌，重点开发建设黄河岛滨海湿地公园、黄河岛休闲度假区、盐田旅游区、沾化徒骇河国家级城市湿地公园、沾化区秦口河国家水利风景区，努力把黄河岛滨海湿地公园打造成特色鲜明的国家级滨海湿地公园。突出滨海旅游特色，把滨海旅游与其他旅游相结合，做大做强旅游产业。为此应当加强以下旅游配套设施建设。①建设 1 ~ 2 家五星级宾馆，提高综合接待能力。②修建游艇码头、蹦极等旅游设施，促进休闲游向体验型旅游过渡。③发展壮大旅游中介组织。④积极组建旅行社，引入国内知名旅行社的分支机构，加强与境内外大型旅行社的协作。⑤开发特色旅游产品。⑥加大旅游商品、纪念品、工艺品的研制开发力度，提升市场推介能力，重点做好贝瓷、枣木雕刻、冬枣等特色旅游纪念品的开发。⑦制定科学强势的促销战略。⑧重点开拓京津塘、环渤海和省内周边旅游市场，推出 5 条旅游线路：滨州—沧州—曹妃甸—秦皇岛线路；滨州—天津—大连线路；滨州—烟台、威海、蓬莱—青岛线路；济南—滨州—滨州港线路；北京—天津—滨州—滨州港线路。

三是生态休闲农业。依托优势资源，拓展延伸产业链，发展休闲农业。依托林果（枣）种植及深加工业，发展冬枣休闲游、假日农庄等休闲产业。加快发展冬枣、金丝小枣种植，以优质、规模化枣类产品生产基地为依托，完善配套设施，建设宾馆、休闲农庄等，提高综合接待能力，建设互动式的旅游设施，促进休闲农业发展。

五　加强滨州港口文化建设，助推滨州港口经济发展

（一）滨州港口文化建设的内容

一般说来，文化分为物质文化、制度文化、行为文化和精神文化四个层次。物质文化是人的物质生产活动及其产品的总和，构成整个文化创造的基础；制度文化是人们在社会实践过程中形成的社会关系以及用于调整这些关系的规范体系；行为文化是人们在交往过程中约定俗成的习惯性定势且具有鲜明特色的行为模式；精神文化是人们的精神生活方式和意识形态①。

具体到港口企业文化，一般包括以下三个方面：一是港口经营文化，例

① 李伦：《港口文化的历史与现实意义》，《宁波日报》2008 年 12 月 29 日，第 4 版。

如有的港口提出的“讲感情、讲信誉、讲效率”“向两头延伸，抓中间环节”等；二是行为文化，例如有的港口提出的“有利于服务社会，有利于投资者利益，有利于企业进步”“高层要有事业心，中层要有上进心，一般层面要有责任心”等；三是管理文化，如“尽职用心”“超前思维、超常工作”等。另外，还有人将港口企业文化细分为廉政文化、服务文化、环境文化等，都是从不同的侧面对企业文化进行定义和分类。

滨州港口企业文化建设可以分以下三个层面考虑：

一是物质层面。这是港口文化的外在表现，处于文化建设层的最外围，是最直观、最鲜明的文化符号，包括港旗、港徽等标志，自然环境、绿化，标志服、标准色和制服，以及港口报、电视、宣传栏、广告牌等文化媒体和网络。

二是制度和行为层面。这是港口文化的中间层。制度文化和行为文化集中体现了物质层和精神层对港口企业组织行为和员工行为的要求，主要规定了企业员工在生产经营过程中应当遵循的行为准则和风俗习惯，主要包括工作制度、操作规程、特殊制度和习惯惯例四个方面。

三是价值和精神层面。这是在历史传承和长时间的实践中形成的统一的价值判断认识和共识，是文化的核心和灵魂，是文化物质层和行为层的内涵，既有港口企业普遍拥有的文化共性，又具备滨州港特有的文化特征，包括价值观、经营哲学、生存理念、服务理念、营销理念等方面。

（二）环渤海港口文化建设借鉴

天津港建立起了以“中华鼎”为象征的企业文化体系，形成了“道为核、鼎为形、聚为神、力为果”的文化体系。鼎有三足两耳，天津港文化建设的三大目标（三足）是把港口建成兴旺和谐的大家庭、一只训练有素的军队、一所培养人才的学校。天津港核心价值理念“发展港口、成就个人”犹如鼎之两耳。这“两耳”的背后是朴素的经营哲学：企业如何对待员工，员工就会如何对待企业；员工如何对待顾客，顾客就会如何对待企业。天津港确立了以人为本的经营理念，“发展港口、成就个人”是天津港文化特质的精准阐释。天津港的“鼎文化”有四层含义：①革故鼎新，引申为创新和发展，指天津港始终保持对环境变化的快速反应能力，持续健康稳定地发展；②一言九鼎，鼎文化的中心是寻求真诚和构建诚信；③大名鼎鼎，打造国际港口运营商，打造文化品牌；④鼎盛发达，科学发展、和谐发展，建设世界一流大港。

大连港提出“以人为本，以德兴港”的企业文化核心价值观，坚持以港兴市、港城共荣的发展原则，提出“胸怀大海，港容天下；追求卓越，超越自我；赶超先进，只争朝夕”的港企精神，力争实现把大连港建设成为东北亚领先的现代化国际港口集团的美好愿景。

拥有百余年历史的青岛港积极树立“诚纳四海”的服务品牌，体现青岛港以德兴港、诚信为本的价值观、服务观和发展观。对内培育“德为重、信得过、靠得住、能干事”的忠诚员工队伍，对外通过诚挚服务和亲情融汇，不断提高顾客对港口的忠诚度，实现港口和服务伙伴共赢的经营理念。相继创出“振超效率”“孙波效率”“集装箱保班10小时完船”“零时间外轮签证”等服务品牌。

烟台港提出建设“生态型、可持续发展的现代文明和谐港口”的远期目标，由亿吨大港向一流强港转变、由又快又好向又好又快转变的阶段性目标，以“秉诚兴港、求是立业”为核心价值，提出“开放的枢纽港，自豪的大家园”的企业愿景。

日照港自2006年开始打造“阳光企业文化”，提倡要具有“开放创新、与时俱进”的阳光思维，要保持“自信乐观、激情执着”的阳光心态，要培养“共赢发展、和谐共生”的阳光品格，要树立“企业诚信、客户至上、饮水思源、福泽社会”的阳光形象的日照港口特色文化。几年来，日照港人艰苦创业，在夹缝中求发展，正确处理企业、社会、员工关系，树立高度的责任感和使命感，坚持求真务实、知行合一，坚持谋则到位、行则有为，把企业的价值观贯穿到日常工作中，用真情和阳光般的服务铸就“阳光港口、装卸真诚”的服务品牌。

（三）滨州港口文化的特色和建设目标

港口企业文化发展不能脱离港口的定位和发展单独存在，而是要将企业文化建设与港口的定位和发展思路结合。企业文化建设是港口建设的核心工作。同时港口文化建设也要与港口发展大局相吻合，港口文化建设的最终目标是为港口发展提供精神动力、形象标志、团队凝聚力和发展活力。

一是建设倡导服务的港口文化。港口间的竞争不仅是建设规模和自然条件的竞争，更是港口服务能力和水平的竞争。因此，对于作为环渤海区域后来者的滨州港来说，在自然条件、规模方面和传统大港存在差距的情况下，提高服务能力显得尤为重要。港口文化要在价值、行为和物质层面强调服务意识和服务态度，激发企业和职工在经济社会发展大局下思考服务与企业发展、个人事业的关系，提高服务的主动性和精细化程度。

二是倡导建设合作共赢的港口文化。环渤海地区港口众多，所以实行错位竞争、主打农产品进出口的滨州港，更应该加强与周边港口的合作和分工，形成区域港口群的协调发展，在竞争与合作中拓展市场和发展空间，拓展腹地和货源。在港口文化建设方面，应强调协同合作，倡导共赢文化。在各地纷纷建设深水港，在有限腹地空间内出现众多港口的情况下，在强调竞争的同时，也应当强调合作双赢。近年来，港口间竞争有日趋白热化的趋势，一方面是城市政府为了经济发展和城市形象，纷纷决策加快港口开发；另一方面港口企业产权分散化与股权多元化使包括民营资本在内的各类资本进入港口业，资本逐利的属性使竞争加剧。直接的结果就是产能过剩，越来越多的港口竞争主体分食有限的腹地资源，损害了港口物流系统的整体效率，也损害了港口和所在城市的发展机遇。所以提倡协作竞争、错位竞争，在竞争中寻找机会合作应当是港口文化建设的目标所在。

三是树立绿色港口文化理念。生态环境承载力严重制约着滨州北海港口的港航系统扩建工程。滨州港地处国家级生态规划区，货物品类以农产品为主，更应当强调港口的生态保护和环境友好。应当通过科技创新实现节能减排，提高港口的资源利用率，营造区域—港口—船舶—人—自然和谐相处的环境。滨州在建设港口文化时，应坚持港口绿色发展理念，突出生态特色，把生态和环境要素作为滨州港口文化建设的主色调，在人与自然的和谐中彰显滨州港口文化特色的魅力和价值，把“生态滨州”的理念贯彻到港口的建设、运营中，创造生态港的港口品牌。

（四）滨州港口文化建设的着力点

一是塑造名牌。培养港口正面、鲜明的形象，突出高效、生态的特点，在港口行业打造滨州港的品牌，争取在 3 ~5 年内初步树立滨州港独具特色的品牌形象。合理规划设计，从不同层面打造滨州港口的品牌体系，制定品牌打造阶段性目标并排出时间表。提炼港口企业精神，塑造港口精神形象。对滨州港的企业文化进行全方位总结、深度提炼、高度升华，形成滨州港特色的企业精神理念和核心价值观，形成企业文化的基石，并通过适当的方式表现和推广。滨州港企业文化品牌的树立应遵循以下原则：第一是反映具有特色的现代港口企业风貌；第二是有鲜明的个性，有区分度和显现度；第三是集思广益，重视群体智慧，取得广泛共识；第四是通过行为塑造形象；第五是通过物化形象、视觉形象表现。

二是强化法治意识，培养滨州港的企业制度文化。完善制度文化是推进滨州港企业文化建设的关键。港口制度文化是滨州港企业文化的基石和条件，因为企业制度的创新是理念创新的保障，企业核心理念的灌输和推广需要激励机制提供物质保障，需要一系列的企业制度作支撑。企业制度文化是塑造企业精神文化的主要机制和载体，严格的管理制度是规范员工的动力和约束机制，也是对港口精神文化的固化和传承①。打造制度文化应当坚持以下原则。第一是强化法治意识，遵守规则是制度文化的核心。第二是遵守契约。重合同守信用是基本的要求，对外向型港口而言，遵守国际公约和国际惯例有特殊的意义。第三是完善管理结构和组织体系。完善领导者的责任和监督体系，完善沟通机制，避免单线性管理体系，加强管理队伍建设。

三是建设高效安全的行为文化。规范行为文化是港口企业文化的重要内容，行为文化是企业精神文化在实践中的动态体现。港口行业的特点决定了加强港口安全的重要性。滨州港口文化应当高度重视安全文化的树立，牢固树立以人为本的安全建设思想，积极促进安全意识的形成和安全习惯的养成，将安全从被动行为转变为主动行为，为港口高效运转提供保障。安全是港口运行的生命线，是关系员工生命和港口声誉的大事，不能有丝毫的放松。塑造港口安全文化是一项长期、艰巨和细致的工作，需要有目的、有意识、有组织地长期倡导和强化。应当采取一切必要的手段用行为规范人，用视觉标志提醒人，减少事故发生概率。

建设安全的行为文化应遵循以下原则。第一是以人为本原则，人命关天，人是港口生产管理的主体，维护员工的生命财产安全是一切工作的出发点和归宿。没有人，港口安全生产就失去了原动力。第二是效益原则。保障效益是港口安全生产的目的，港口投资大、回收周期长，同时还具有很强的公益属性。一旦发生事故，损失往往是巨大的。没有安全，生产效益就无从谈起。第三是效率原则。安全与效率并不矛盾，是互相促进的。员工养成安全的行为习惯，会提高港口的生产效率。

四是建设廉政文化。应当从港口事业的健康发展出发，旗帜鲜明地反对

① 杨代利：《论加强中国港口文化建设的时代意义》，《中国港口》2006 年第 8 期。

贪腐，反对商业贿赂。一方面推进惩治防范体系的建设，让人不能腐；另一方面通过加大建设廉政文化的力度，充分发挥廉政文化对人的引导和行为约束能力，让人不愿腐。

Theoretical Exploration of Port Development in Binzhou City Based on the Perspective of Culture

Yin Dewei

(Shandong Research Institute of Marine Economy and Culturology, Qingdao, Shandong, 266071, P. R. China)

Abstract: Port culture refers to the unique material and spiritual characteristics of human beings based on ports and through long-term production and living activities in this particular space. The development of port culture in Binzhou City of Shandong Province has comprehensive basic advantages, but there are also shortcomings in the conflict between traditional farming civilization and maritime civilization. Strengthening the cultivation and development of Binzhou port culture is not only the need for the development of Binzhou port economy and industry, but also the need for Binzhou to achieve a more open and high-quality development in the transformation of Shandong Province from the old to the new. Binzhou port is located in the national ecological planning area. Port construction is facing the development bottleneck of weak ecological environment carrying capacity. Adhere to the concept of green port development, highlight the ecological characteristics, highlight the cultural charm and cultural value of Binzhou port cultural characteristics in the harmony between man and nature, implement the concept of "ecological Binzhou" into the construction and operation of the port, and polish the port brand of Binzhou "ecological agricultural port".

Keywords: Cultural Perspective; Port Culture; Port Economy; Development Concept; Theoretical Exploration

（责任编辑：徐文玉）

香港大澳海洋生态旅游发展的经验与启示

关晓青 *

摘　要： 海洋生态旅游是实现海洋经济和海洋旅游可持续发展的重要方式之一。它强调的是协调海洋旅游资源开发与环境保护之间的关系，最终的目标是追求经济效益、环境效益和社会效益的统一。本文以香港著名渔村大澳为例，对其海洋自然生态旅游资源和海洋人文生态旅游资源开发的现状与实际进行了探讨和研究，总结了其主要做法与可供借鉴的经验，如尽量保持原生态的自然与人文环境，积极开展教育与体验相结合的生态旅游项目，秉承可持续发展理念并积极听取多方意见以促进渔村繁荣，减少对邻近区域造成的环保负担，协力保护共同资源，等等。

关键词： 渔村　海洋生态旅游　可持续发展　海洋经济　海洋旅游资源

一　海洋生态旅游内涵与作用

（一）海洋生态旅游基本内涵

海洋生态旅游是实施海洋旅游业可持续发展的重要形式和途径，主要是指为了探索、感受、体验与研究海洋自然生态景观以及海洋人文生态景观而进行的，既体现了解与享受自然，又结合环境保护教育的相关旅游活动。海

* 关晓青（1982～），男，硕士，中国银行香港有限公司全球市场高级财资业务经理，主要研究领域：海洋旅游与金融。

洋生态旅游地与内陆生态旅游地的不同之处，在于海洋生态旅游地是以海洋生态系统为主要载体，以海洋生态旅游资源为主要对象①。

海洋生态旅游的突出特点是维护海洋生态系统的完整性以及人与海洋生态系统的共生性，最终实现可持续发展。在相关实践中，要尽量保护海洋生态系统中的海洋自然资源和海洋人文资源，有规划性地科学管理，争取不破坏海洋生态系统原有的循环轨迹，以减少或最小化人为因素和旅游活动对周围环境的负面影响。

（二）海洋生态旅游主要作用与相应要求

海洋生态旅游的作用主要体现在以下两个方面。

第一，利于提升人们的生态环境保护意识，有重要的教育功能。海洋生态旅游地的自然环境和人文遗产是人类的共同财富。保护好海洋生态旅游地，不仅可为人们休闲娱乐保留自然的净土，更可为全球海洋生态环境保护做出积极贡献。

第二，利于促进海洋地区经济、社会与环境的共同振兴。海洋生态旅游一方面需要旅游者与区域的共同参与，另一方面植根于造福当地居民的理念。合理的开发将为居民创造较多的就业机会，同时又不会破坏环境，有利于稳妥地改善区域的生活条件，逐渐实现经济效益、环境效益和社会效益三方的协调统一。

总之，发展海洋生态旅游应当科学处理好海洋旅游开发与环境保护之间的关系，不应单纯追求经济效益的提升，而要兼顾环境效益与社会效益的共赢。这就要求人们在生产与生活理念、经济运行模式和社会管理方式等方面都进行相应的思想和行动转变，从而真正实现海洋旅游与海洋经济的可持续发展。

二　香港大澳的海洋生态旅游资源

（一）大澳历史与概况

大澳位于香港新界大屿山西北部，珠江口的东面。大澳的海湾三面环

① 张丛：《海洋生态旅游资源开发战略研究》，博士学位论文，中国海洋大学，2009，第 17 ~ 20 页。

山，可以抵挡台风，是停泊渔船的理想地点。它是香港昔日的四大渔港之一，也是香港现存著名的渔村，更是驰名中外的旅游热点。大澳社区建立在一个岛屿及一片沿海低地之上，中间是一个“Y 形”水道，“棚屋”沿水道两旁，相邻而筑，形成长条形的棚屋区。因其水乡风情独特，故有“香港威尼斯”之誉。

自宋朝开始已经有文字记载，证明有居民当时在大澳居住。由于地理环境的关系，大澳亦孕育了晒盐业和捕渔业。20 世纪五六十年代是这两大行业的高峰期。20 世纪七八十年代，内地及东南亚一带的晒盐技术渐趋成熟，本地晒盐工业受到很大影响。捕渔业方面，由于捕鱼过度，加上内地渔船的竞争，渔民的收获大跌，不少渔民因此被迫转型以继续维持生计，许多近岸作业的渔船也转为深海作业[①]。此外，随着新生一代的受教育程度不断提升，大多数人不再愿意从事晒盐业和捕渔业。面对地区经济转型、劳动人口大量流失、人口逐渐老化、对外交通网络薄弱等种种困难，从 20 世纪 80 年代中后期开始，当地开展了“大澳渔村体验计划”。在这个计划之下，大澳居民善用了他们的技能，例如摇艇、网鱼等，制造了一些如摇橹、渔船网鱼、棚屋住宿等体验活动，而居民从中赚取了一些活动收入。

基于大澳有着深厚的文化根基和优良的生态环境，吸引众多游客前来参观和体验，2006 年在香港民政事务总署“伙伴倡自强”计划的支持下，“大澳文化生态综合资源中心”成立。中心通过运用与合理开发大澳的文化和生态两大资本[②]，发展生态旅游，为更多居民提供了就业机会，也为渔村的可持续发展做出积极贡献。

（二）大澳的海洋生态旅游资源

1. 多样化的海洋自然生态旅游资源

（1）中华白海豚。大澳是珍稀动物中华白海豚的活跃区。中华白海豚是海洋哺乳类动物的一种，喜欢河口一带的生态环境。

（2）红树林。大澳近岸及盐田一带有大量茂密的红树林生长。红树林拥有重要生态价值，可为其他细小生物，如蛤、螺、虾、蟹等，提供庇护栖息

① 廖迪生：《从“传统风俗”到“非物质文化遗产”项目：香港大澳端午龙舟游涌活动的适应与变化》，载李向玉等主编《“中国渔民信俗研究与保护”学术研讨会论文集》，澳门理工学院，2013，第 31 ~ 41 页。

② 香港基督教女青年会网站，https://cerc. ywca. org. hk/，最后访问日期：2019 年 7 月 21 日。

环境。此外红树林能抵受潮汐涨退时的海浪冲刷，保护海岸周边的岩层水土。

（3）宝珠潭湿地。宝珠潭湿地是连接大澳岛和一座名为“宝珠潭”的小山丘的湿地，附近环境清幽。

（4）鹭鸟林。大澳的 60 多公顷红树林湿地，为不少雀鸟提供了理想的栖息之所。每当夕阳西下，“虎山”就会出现百鸟归巢的壮观情景。

（5）芦苇林（南涌）。芦苇喜欢生长在稍有盐分的沿海环境中。芦苇林不但可以让水鸟栖息，而且具保护堤岸和防止土壤流失的功能。

（6）将军石。将军石是大澳特色标记，位于大澳虎山西南山麓，其石状如一位披甲将军倚山而坐，远望天际，惟妙惟肖。

2. 丰富的海洋人文生态旅游资源

（1）渔村民居与建筑

• 大澳棚屋。棚屋是大澳渔村的标志，也是香港最为独特的景观之一。密密麻麻的棚屋、纵横交错的水道与桥梁，构成大澳现今的面貌。

• 观景亭。观景亭分别位于虎山山丘和狗伸地，属于休憩的地方，并可看到飞机升降，海岸风景优美。

• 新基大桥。此桥于 1979 年兴建，以前居民来往两地往往都要践泥或撑船，后附近居民出钱出力，合力亲手建成此桥。

• 大涌桥。大涌行人桥于 1996 年 9 月 29 日启用，取代使用超过 80 年的横水渡，以配合地区人口老化和游客日增的需要。

• 番鬼塘。番鬼塘沿岸海滨景色非常雅致，据说在 16 世纪，曾有葡萄牙人在此居住，等待起航和补给粮食，因而得名。

（2）渔村历史与文化遗存

• 屿北界碑。位于大澳宝珠潭以东、象山西麓的小山上，已有一百多年的历史，碑上刻有中英文，记录了当时分界的经度为 113 度 52 分。界碑虽经风雨侵蚀，但碑文仍清晰可见，对研究近代史和香港回归历程具有较高的价值。

• 盐田遗址。大澳的制盐业可追溯至宋代。在过去的几百年间，制盐业一直为当地主要经济产业。20 世纪 20 ~ 40 年代为全盛时期，当时盐工达 300 多人，年产量千多吨，盐田面积曾占大澳整体面积的 2/3。直至 20 世纪 70 年代，随着社会经济转型，大澳盐业式微荒废。尽管如此，游人今天仍可流连于湿地、浅滩之间，追忆往日渔村盐田旧貌，欣赏大澳落日余晖。

• 大澳警署。大澳警署建于1902年，是新界最早期的警署之一，立于大澳码头旁边的一个小山之上，楼高两层，极具西式建筑特色，在这里能够远眺一望无际的海天景色[①]。现这里修复为大澳文物酒店，是香港二级历史建筑。

• 大澳乡事委员会历史文化室。室内展出多项大澳的文物，是了解过去大澳村民生活的好地方。文化室由大澳乡事委员会打理，展品都是由大澳村民所赠送，包括以往渔民的用具、日常生活用品以及一些已被拆毁的古建筑梁柱等。

（3）渔村信仰与寺庙

大澳寺庙林立，体现了当地的传统信仰文化。除宝莲寺、关帝庙及杨侯古庙外，还有大澳北的洪圣庙和天后庙，横坑村的华光庙、龙岩寺，新村的天后庙，以及吉庆后街的创龙社。另如洪圣庙的铜钟及壁画、创龙社旁的石狗神坛等也独具特色。

• 天后庙（新村）。据庙中碑记所述，该庙建于清顺治年间（1644～1661年），庙内供奉金花夫人。前往该庙，必经横塘，优美景致尽入眼帘。

• 杨侯古庙。杨侯古庙历史悠久，供奉宋末忠臣杨亮节（？～1279年）。杨亮节曾力抗元兵追击，保护宋帝南渡大屿山。庙宇内存放古钟一口，铸于清朝康熙三十八年（1699年）。

• 关帝庙。关帝庙建于明孝宗弘治年间（1488～1505年），是大澳现存历史最悠久的庙宇。庙脊上饰有清光绪年间制的精美陶瓷人物，是享誉盛名的石湾名家制作的，极富岭南特色。庙内供奉英勇善战、以忠义见称的三国名将关云长。

• 华光庙。位于横坑，以梨园子弟及村民参拜居多。2000年，名伶阮兆辉、尹飞燕等八和会馆成员筹款重修。

• 石狗神坛。位于创龙社旁不远处的神龛里，供奉着一只石狗，是全香港唯一残存的古畲族信仰神物，见证大澳早在南宋时期已有畲人活动。

（4）渔村传统节庆

大澳传统节庆十分丰富，主要有：农历二月十三日梅窝洪圣诞、农历三月二十三日贝澳天后诞、农历四月八日大澳浴佛节、农历五月五日大澳关帝诞、农历五月初五大澳端午龙舟游涌、农历五月十三日梅窝文武诞、农历六

---

① 香港旅游发展局网站，http://www.discoverhongkong.com/tc/index.jsp，最后访问日期：2019年7月21日。

月六日大澳侯王诞、农历六月十九日大澳观音诞、农历七月二十一日大澳洪圣诞、农历八月十八日东涌侯王诞[①]。

每年农历五月初五端午节，大澳有香港独有的龙舟活动——游涌。此项活动已有百年多的历史。2011 年，游涌被列为第三批国家非物质文化遗产项目。当天乡民划着一只龙舟，后面拖着载有神像的小艇“神艇”，巡游在各水道间，并沿途焚烧宝烛；而棚屋居民同时会朝着龙舟拜祭，祈求合家平安、驱除疾病。游涌仪式过后，便会举行龙舟竞渡。

（5）渔村美食[②]

在永安街及新桥桥头的街市街上，有许多售卖虾膏、虾酱、虾干、鱼肚等海产海味的小店和小摊子。这些海产都是大澳居民自己制作的，产量少，质量又好，不外销。

• 虾膏、虾酱。大澳虾膏、虾酱一向驰名，当地的老字号至今已有近百年历史。其以传统古法秘制，虾味香浓，是入厨佳品。

• 大澳咸鱼。目前仍有不少大澳居民晒制大澳咸鱼出售。大澳咸鱼与当地虾膏、花胶、虾干合称“大澳四宝”。大澳咸鱼制法独特，甘香味美，颇受游客欢迎。

• 茶粿、鸡屎藤果。大澳茶粿闻名遐迩，传统的茶粿以糯米粉为主要制皮材料。鸡屎藤果，是以鸡屎藤和糯米粉、芝麻搓匀蒸熟的粿，是客家人地道小食。

• 紫贝天葵。紫贝天葵色泽紫红，味道酸酸甜甜，饮进口中像食山楂一样，非常醒胃消暑。

• 豆腐花。大澳昔日有清甜山泉水，出品的山水豆腐花清甜香滑。现在大澳食店仍坚持以石磨磨豆浆，喜其成品幼滑无渣，因此极具卖点。

• 麦芽糖。大澳街市街一带小摊档有各种麦芽糖出卖。麦芽糖是流行已久的小食，有养颜、补中益气、滋润内脏、开胃除烦之效。

• 烤鱿鱼。大澳流行一款小食，就是炭火烤鱿鱼，材料是鱿鱼干，在炭火上烤熟，加上酱油和蜜糖，味道鲜美。

---

① 香港少林武术文化中心网站，http://www.shaolincc.org.hk/，最后访问日期：2019 年 7 月 21 日。

② 香港少林武术文化中心网站，http://www.shaolincc.org.hk/，最后访问日期：2019 年 7 月 21 日。

三 大澳发展海洋生态旅游的主要做法与启示

（一）尽量保持原生态的自然与人文环境

发展海洋生态旅游，离不开对海洋生态旅游资源的珍视、挖掘和合理保护。不当的开发将会对海洋生态旅游资源造成破坏，降低其价值，也会影响资源的原生形态及其周围的生态环境。

大澳在发展海洋生态旅游的过程当中，特别留意保护当地的海洋自然生态旅游资源和海洋人文生态旅游资源，同时较多关注社区历史文化资源的保育、社区凝聚力建设等，并非将商业方面的元素放在首位[①]。这就刚好迎合了海洋生态旅游发展的必然趋势，即崇尚自然。原始面貌的海洋自然与人文生态资源将更加吸引旅游者。

如被列入国家级非物质文化遗产代表性项目名录的大澳端午龙舟游涌，具有超过100年的历史，世代相传。该活动不仅反映了中国传统民间信仰，其本身与自然生态环境也有着密切的关系，还具有凝聚社区的作用，同时在开展海洋生态旅游、发挥文化传承作用等方面也扮演着重要的角色。

现今的大澳龙舟游涌，因社会需要，在一些活动安排方面变得多样化，而关于保育龙舟游涌的推广活动、以龙舟游涌为主题的教育活动同样越来越多元化，规模和组织性都较以往更强，包括工作坊、考察活动、扒龙舟训练等。这就使此项传统活动变得有趣又不失去其原本的意义，使传统风俗活动既保留传统又能适应时代变迁，并可持续发展。这离不开政府和民间共同的努力，只有这样才能把这些传统活动更好地在社区中活化保留，而不是停留在书本中。

此外，大澳的龙舟游涌，跟社会经济组织和生态环境有着密切的关系[②]，如只有大澳棚屋存在，龙舟才可以游涌。政府对棚屋的政策、棚屋居民对棚屋的保护、维持环境卫生等，也都会影响大澳龙舟游涌的传承。由此可见，周围整体的生态环境、人文环境、社区环境与非物质文化遗产以及海洋生态旅游的发展有着密不可分的关系。这就更加需要各方共同努力，在思

---

① 高宝龄、区志坚、陈财喜、伍婉婷、司徒毅敏编《非物质文化遗产在香港》，中华书局（香港）有限公司，2019，第64~73页。

② 施仲谋等编《香港传统文化》，中华书局（香港）有限公司，2013，第21~26页。

想意识层面和实际行动层面实现对资源的合理开发。

（二）积极开展教育与体验相结合的生态旅游项目

大澳根据渔村地方特色，挖掘差异化的海洋生态资源，设计了不同的生态旅游系列，如文化生态教育系列、自定义水乡旅游系列等①。

1. 文化生态教育系列

• 咸蛋导赏，探索大澳：内容包括导赏活动、大澳小区探索、晒咸蛋制作班、乘观光船漫游大澳河涌及寻找中华白海豚。

• 功夫海豚一天游：内容包括少林武术班、文化或生态导赏、乘观光船漫游大澳河涌及寻找中华白海豚、晒咸蛋制作班。

• 水乡情怀一天游：内容包括文化生态导赏、渔网制作班、茶粿制作班、品尝豆腐花。

2. 自定义水乡旅游系列

• 茶粿制作或糯米糍：在大澳居民的指导下，参加者可以亲手制作自己的茶粿或糯米糍，亲身体验这些传统食品的制作过程，并享用自己的作品。

• 动物模型制作（白鹭或海豚）：白鹭和中华白海豚都是经常在大澳出现的生物。通过活动，参加者可以认识这些生物，并可以亲手制作属于自己的动物模型。

• 文化导赏：大澳文化历史悠久，居民将为大家作向导，穿梭大澳小巷、庙宇、桥梁及水上棚屋，将大澳渔村风情娓娓道来。

• 生态导赏：大澳拥有丰富的生态资源。参加者可以近距离接触红树及其他有趣的植物，更有机会观赏到招潮蟹、鹭鸟等湿地生物。通过大澳居民带领，参加者可以认识大澳的大自然资源，并反思现今经济发展对生态环境的影响。

• 文化生态导赏：深入大澳小巷、棚屋区及红树林区，让参加者亲身感受大澳的水乡风情。通过大澳居民的分享，大家可以更深入地从大澳历史、居民生活、本区文化及景点，以及自然生态等方面认识大澳。

• 观光船：乘观光小船漫游大澳河涌，感受大澳独有的水乡风情，近距离欣赏水上棚屋风貌，到中华白海豚经常出现的水域，一起寻找香港的这个吉祥物。

---

① 香港基督教女青年会网站，https://cerc.ywca.org.hk/，最后访问日期：2019 年 7 月 21 日。

• 参观豆腐花制作：制作一碗香滑可口的豆腐花并不如想象般容易，参加者可以了解其制作过程及品尝新鲜制作的豆腐花。

• 晒咸蛋：由居民亲自教授大澳著名的特产咸蛋黄的制作方法。通过活动，参加者可以了解这种大澳特产的由来与从前大澳渔民的捕鱼生活息息相关。

• 做白豆粥：白豆粥是大澳传统的健康食品，由多种有营养的豆类和白米制成，特别适合小朋友食用，亦是从前渔民出海必备的食物之一。

• 织渔网：织渔网是大澳渔民自小就学会的技能，参加者学习织渔网的同时，亦可以与渔民沟通交流，了解他们的日常生活。

• 扒沙白：炎炎夏日，在泥滩上扒沙白，既有趣，又有满足感。

• 棚屋实地考察及模型制作工作坊：深入大澳棚屋区，了解棚屋的由来、结构及居民生活，体会水上生活文化。参加者还可亲手制作属于自己的棚屋模型。

• 大澳风味餐：在棚屋品尝由大澳居民亲自烹调的菜肴，色、香、味及人情味完全洋溢。

• 大澳海味工作坊：大澳历史源远流长，海产物种丰饶，如何加工制作成海味更是宝贵的民间智慧。大澳商铺细说至宝，传授如何选购及烹调海味。

（三）秉承可持续发展理念并重视多方意见以促进渔村繁荣

根据联合国世界环境与发展委员会报告，可持续发展是既满足当代人的需求，又不对后代人满足其需求的能力构成危害的发展模式。在香港，时任行政长官在《一九九九年施政报告》中宣布，计划把香港建设成一个世界级都会，并首次把可持续发展纳入政府的工作日程并让公众知悉。简单来说，对香港而言，“可持续发展”的含义就是：

• 在追求经济富裕、生活改善的同时，减少整体污染和浪费；

• 在满足我们自己的各种需要与期望的同时，不损害子孙后代的福祉；

• 减少对邻近区域造成环保负担，协力保护共同拥有的资源①。

大澳秉承可持续发展理念，积极保护生物和文化的多样性，维持资源的可持续开发，同时将海洋生态旅游建设与渔村建设融为一体，并重视多方意见。香港特区政府规划署在 1998 年 11 月，委托香港环境资源管理顾问有限

① 香港特别行政区政府环境局网站，https://www.enb.gov.hk/mobile/sc/susdev/sd/index.htm，最后访问日期：2019 年 7 月 21 日。

公司进行“重整大澳发展研究”，以探讨可行的规划策略，令大澳重现繁荣。

大澳的吸引力，在于宁静的自然生态环境和丰富的文化资源。因此整体的规划概念在于保护大澳的生态环境、自然景观、渔村风貌和文化遗产，一定程度上改善相关的基础设施、交通状况和住宿设施等，并在大澳传统生态旅游景点的基础上，提升对游客的吸引力，从而改善本地的就业机会，推动和平衡区内的经济社会发展。这项研究的具体目标是：制定令大澳重现繁荣的规划策略；确定基础建设和环境改善工程的概括要求，以便进行详细的设计和可行性研究；以及建议实施大纲，供落实规划策略。

1999 年 3 月，香港环境资源管理顾问有限公司就重整大澳的初步方案，以及推荐的方案，征询离岛临时区议会的意见。此外，也接获区内团体和个别关注人士提交的意见书，并在制定“拟议推荐重整策略”时，考虑了区议会和有关团体和人士的意见。2000 年 3 ~ 5 月，就“拟议推荐重整策略”征询了离岛临时区议会、大澳乡事委员会、区内居民和其他关注团体的意见。其后，因应公众意见，并适当地采纳提出的建议及进行技术可行性研究，以制定“推荐重整策略”①。所有这些措施为大澳生态旅游的发展以及渔村的可持续繁荣奠定了坚实的基础。

Experience and Enlightenment of Marine Ecotourism Development in Tai O, Hong Kong

Guan Xiaoqing

(Bank of China Hong Kong Limited, Hong Kong Special Administrative Region, 999077, P. R. China)

Abstract: Marine ecotourism provides an important way for the sustainable development of marine economy and marine tourism. The core is to coordinate the relationship between marine tourism economic development and resource environmental protection. The notable sign is the unification of economic, environ-

① 香港基督教女青年会网站，https://cerc.ywca.org.hk/，最后访问日期：2019 年 7 月 21 日。

mental and social benefits. Taking Hong Kong fishing village Tai O as an example, the present situation and practice of marine natural ecotourism resources and marine humanistic ecotourism resources development are discussed and studied, and the experiences that can be used for reference are summarized. For example, the natural and human environment of the original ecology is maintained as much as possible. Actively carry out ecotourism projects combining education and experience. Promote the prosperity of fishing villages adhering to the concept of sustainable development to, reduce the environmental burden on neighboring areas, cooperate to protect common resources and so on.

Keywords: Fishing Village; Marine Ecotourism; Sustainable Development; Marine Economy; Marine Tourism Resources

（责任编辑：徐文玉）

中国海洋文化语义分析和对海洋文化产业的作用*

洪　刚**

摘　要　文化哲学视野中的中国海洋文化研究，需要在客观认识中国海洋文化历史发展的前提下，对其进行明确的语义分析和内涵界定，充分彰显中国海洋文化的价值传统与文化特性，在全球性海洋时代的文化旨趣和中国海洋文化研究的共同理论指向中，明确当前中国海洋文化的研究视野，确定科学的研究维度，在保持民族主体性的前提下，延续生生不息的中国海洋文化生命整体，在基础理论、发展理念和道路抉择等方面做出回答，以解决中国海洋文化发展的理论自觉、本体自知和道路自信问题，在新时代背景下，有助于为海洋文化产业发展提供理论支撑，有助于优秀海洋文化产品的生产和输出。

关键词　新时代　文化哲学　中国海洋文化　语义分析　海洋文化产业

从文化研究的理论基础看，海洋文化研究的一个重要前提是对其进行明确的语义分析和内涵界定，从多维视野对“文化”“海洋文化”的概念进行语义分析，并以此对“中国海洋文化”进行明确的界定，这样才能进一步深化以海洋文化作为对象的历史与价值的探讨，使对中国海洋文化的研究既

---

* 本文系2017年国家社会科学基金重大项目“南海《更路簿》抢救性征集、整理与综合研究”（17ZDA189）、教育部人文社会科学研究一般项目资助（17YJC710023）、“辽宁省社科联2019年度辽宁省经济社会发展研究课题研究成果”（2019lslktqn－063）的阶段性成果。

** 洪刚（1979～），男，博士，大连海事大学马克思主义学院副教授、硕士生导师，主要研究领域：海洋文化理论与海洋高等教育研究。

有现实针对性，又具有理论解释力。

一　多维视野中的文化

海洋文化的研究首先要解答的问题是：文化是什么？神学家奥古斯丁的话能很好地描述人们面对这个问题的尴尬境地："没人问我，我倒清楚，有人问我，我想证明，便茫然不解了。"①

为了更好地理解海洋文化的含义及其重要性，在讨论海洋文化的基本内涵之前，我们可以从以下几个角度来理解文化的概念。

（1）文化是人类文明的总称。广义的文化被认为是人类文明的总称。对于文化（culture）和文明（civilization），人们的理解表现在以下两个方面。从二者的差异来看，文化反映的是精神性和价值性的规范，人类历史上无形的创造物的总称，文明则是有形的创造物的总称。从二者的共同点来看，在使用广义的文化概念时，倾向于在等同的意义上使用这两个范畴，常常互换使用，广义的文化范畴不仅包括无形的人类创造物，也包括有形的人类文明。梁漱溟先生在《东西方文化及其哲学》中把文化界定为精神生活、社会生活和物质生活的各个方面②。这种广义的文化概念偏重对文化的外延即对象范围的理解，其对于人们理解文化的突出意义在于，通过对象及类属的划分揭示了文化的"属人的""人为的"特性，深深地打着人的烙印，对文化的解释着眼于人的内在本质规定性的解释，不是对自然条件和外在因素的描述，而是对人自身的认识和把握。

（2）文化是自觉的精神和价值观念体系。从狭义的文化范畴出发强调了文化的精神内涵和价值内涵，狭义的文化概念把文化作为全域的研究对象，存在于相对独立的领域，但这依然未能改变文化与政治经济社会活动的密切联系。在讨论文化的功能和社会历史定位时，这一点是不能忽视的。

（3）文化是人的生活样法或生存方式。这一理解倾向于从文化的本体性出发，胡适先生和梁漱溟先生在很多方面观点对立，但在文化的界定上却表现出少有的一致性：胡适认为文化是"人们的生活方式"；梁漱溟先生认为文化是"人类生活的样法"。

---

① 〔古罗马〕奥古斯丁：《忏悔录卷》，周士良译，商务印书馆，1981，第239页。

② 罗荣渠：《从西化到现代化》，北京大学出版社，1990，第55～56页。

（4）文化是历史地凝结而成的生存方式。从哲学角度来看，哲学研究对象不仅是已经被抽象化的本体论为前提的“历史”，而且应该研究人类历史的全部“文化”。李鹏程先生在《当代文化哲学沉思》中谈道：“哲学作为观念，它应是整体性意义上的文化观念……这种对文化和哲学的理解，使我有信心把自觉地以整体文化为对象的哲学称为文化哲学，把对它的研究称为文化哲学的研究。”①

可以说，相对于历史学、文化学、人类学和社会学等角度的研究，文化哲学对文化的反思和考察具有独特的视角。尽管其研究关注相关领域的理论成果，并以之为基础，但又不是这些领域文化内容的具体分析和比较，也不只是对文化习俗和文化观念交流传播一般规律的揭示。总的来说，从文化哲学的视野对文化从本体上加以分析，我们可以看到，文化的特性表现在，它内在于人的各种活动之中，而不是与各种社会活动相并列的具体对象。其特性表现在，首先，文化具有人为的性质，是人的活动的对象化，具有后天获得性；其次，文化具有内存的自由性和创新性，包含着人凭借理性的规范进行主观性的活动和创造，具有不同于自然性质的第二维度，正是通过文化的创造，人创造了自己；最后，文化又具有明显的群体性，在其兼具自在性与自觉性的同时，文化历史地为群体所共同认同或遵守的模式和结果对个体总会形成规范性和给定性，表现在对于生活在这一文化模式下的个体的内在精神与社会活动的制约作用。

从形式逻辑的角度看，一个概念由内涵和外延构成，内涵是对概念的本质规定性的揭示，而外延则是对反映这种本质的对象物的集合与划分。如果认为文化是人类实践活动历史地积淀的对象化产物，带有超越性的内涵，那么人所创造的一切都可以纳入文化的范畴。在这种意义上，文化与文明都是多层次、多维度的总体性存在。但是，如果再精确地从本质规定性的内涵角度入手，文化与文明的差异就表现出来了：在实际运用中，文明常指代可生可灭的、具体有形的创造物；而文化用来指文明成果中那些经过历史变迁而沉淀下来的、相对稳定的、深层次的、无形的内容。文化是特定时代、特定地域和特定人群占主导地位的存在方式，是历史地凝结而成的稳定的人类生存方式。

① 李鹏程：《当代文化哲学沉思》（修订版），人民出版社，2008，前言第 2 页。

二　海洋文化的概念界定

“海洋文化”的概念最早是由黑格尔提出来的，其提出源于他的《历史哲学》对世界文化的定义和划分。和“文化”概念本身的不确定性一样，“海洋文化”一词在人文社会科学研究中也缺乏统一的界定。

在中国，尽管海洋文化自21世纪以来才逐渐成为研究的焦点，但在古代人们就已经认识到文化意识对海洋发展的重要作用。韩非子在总结治国经验时，特别强调海洋开发的重要意义，提出“历心于山海而国家富”的著名论断。《管子·形势解》中有云：“海不辞水，故能成其大。”

与此同时，人们在使用“海洋文化”这一概念时，其所指又往往不同。在研究中，学者对“海洋文化”进行了不同的定义。20世纪末，广东炎黄文化研究会编写了《岭峤春秋·海洋文化论集》，集中探讨了“海洋文化”的定义。其中，有的观点提出海洋文化是中华文化的重要组成部分，但又把海洋文化仅看作沿海地带的地域文化；有的观点将海洋文化的创造主体限定在滨海地域，把海洋文化仅视为地域文化；有的观点扩大了创造主体的范围，认为海洋文化是“人类与海洋有关的创造”，不限于空间地理位置，而是从人海关系角度出发看待人海交往的成果。可以说，以上对海洋文化的理解和定义表达了人们在关注海洋文化时进行的有益思考与探索，反映了人们看待海洋文化时的不同视角。

与此同时，还有一些学者对海洋文化进行了更进一步的探索。中国海洋大学曲金良教授在2014年出版的《中国海洋文化基础理论研究》一书中认为：“海洋文化，就是人类缘于海洋而生成的文化，也即人类缘于海洋而创造和传承发展的物质的、精神的、制度的、社会的文明生活内涵。”①

曲金良教授对海洋文化的创造主体、历史进程和人海交往的结果进行了深入的思考。曲金良教授对定义的重要元素都做了详细的解释，并在以下几个方面做了强调。首先，海洋文化的创造主体“人类”分散在不同的地理环境中，不仅指滨海区域。一定区域的人类社会只要与海洋资源环境发生关联，其文化就有了海洋元素。如果具有较充分的海洋元素，这个文化就有了“海洋文化”的性质。其次，海洋文化的创造成果既包括海洋资源环境的物

① 曲金良等：《中国海洋文化基础理论研究》，海洋出版社，2014，第16页。

质因子与元素，也包括海洋人文社会的非物质因子与元素。其“表现形态”是丰富的，具体包括人类对海洋的认识和实践所形成的精神生活，如意识、观念、思想、心态，以及由此而形成的物质生活、制度生活、社会生活和审美生活面貌，等等。最后，就海洋文化的内涵结构来说，按照其作为社会生活方式的表现形态，海洋文化可分为以下四个层面：一是物质层面，一切与海有关的物质经济生活模式；二是精神层面，一切与海洋有关的心理和意识形态；三是社会层面，一切因时因地制宜的社会制度、人居群落、组织形式、生产方式与风俗习惯；四是行为层面，一切受海洋大环境制约与影响的生产活动、言语与行为方式。

在此基础上，曲金良教授对“中国海洋文化”的概念做了如下表述：“中国海洋文化，就是中华民族缘于海洋而创造和传承发展的物质的、精神的、制度的、社会的文明生活内涵。”① 哈尔滨工程大学乔琳认为海洋文化是一个复杂的文化系统，也可以称为文化综合体，将之作为研究对象可以分为三个层面：海洋物质文化系统、海洋观念文化系统（海洋意识）、海洋制度文化系统。海洋物质文化可以直观感知，是一种表层次的文化；海洋观念文化也称为海洋意识，反映的是海洋心理和价值认知，是一种深层次的文化；海洋制度文化是介于器物与观念之间的中层次文化②。

海洋文化本身是一个复杂的文化综合体，它包含着丰富的外延和多样的表现形式，同时就其哲学内涵来说，表现出明显的精神价值属性。完整的海洋文化体系不是几个部分之间的简单叠加。作为一个系统，海洋文化的价值和生命力在于不同层面文化内容的互动与相互影响，是多元整合的有机体。如果离开特定时间和空间的具体历史环境，海洋文化的具体研究对象就会被矮化和平面化，其文化价值就会被消解，海洋文化也就会失去时代活力和实践解释力。

从哲学视角来看，文化的载体不仅是“人化”了的对象物，也包括主体自身。“人类在改造客观世界的同时，也在改造自己，在互动中改变人的价值观念，提高人的行为能力，影响人的行为模式和生活方式。”③ 人们理解的广义的海洋文化是人们长久以来在改造海洋、利用海洋的过程中所创造

---

① 曲金良等：《中国海洋文化基础理论研究》，海洋出版社，2014，第 16 页。

② 乔琳：《刍议复杂系统下我国海洋文化系统的构建》，《商业经济》2009 年第 15 期。

③ 张开诚：《论海洋文化和海洋文化产业》，载《中国海洋文化论文选编》，海洋出版社，2008，第 29 页。

的各种文化现象的总和。海洋文化相对于大陆文化而言，是以海洋为背景而形成的，是以海洋为地域特征的文化形式，其实质在于以文化研究的视角来审视人类与海洋有关的各种事物①。

对海洋文化内涵与本质进行界定，是进行海洋文化理论研究的重要前提和基础。因此，国内学者也从文化哲学角度揭示海洋文化的基本内容和本质特征。在 2011 年中国海洋大学主办的“海洋文化哲学”高峰论坛中，中国社会科学院哲学研究所霍桂桓教授提交的论文《非哲学反思的和哲学反思的：论界定海洋文化的方式及其结果》集中反映了对海洋文化界定的哲学思考。通过比较作为现有文化定义之范本的泰勒的文化定义和其他文化定义，“海洋文化”的定义表现出以下两个特征：一是现有海洋文化定义涵盖内容过于宽泛，包括了与海洋有关的人类社会生活的各个方面；二是这个定义及其延伸性说明对于“海洋文化的实际载体究竟是什么”这一基本问题却没有做出明确的回答。其结果会导致人们对海洋文化的研究对象仍然含糊不清、不甚明了。出现这一情况的根本原因是以数学和形式逻辑为代表的自然科学的思维方式和研究模式深刻地影响了人文科学和社会科学的研究方式，使其在自然科学取得的辉煌成就影响下一厢情愿地“平移”了自然科学的研究方式。不过，基于研究对象差异和研究有效性限度的影响，这种研究出现“含糊不清、不甚明了”的情形在所难免。因而，从海洋文化的界定与研究角度来说，基于哲学上的严格的批判反思很重要。

霍桂桓教授认为从现在流行的“文化”的定义入手，从而引申界定“海洋文化”，会使后者缺少理论解释力和现实针对性。因而有必要对“海洋文化”的内涵做自觉而深入的哲学反思，通过严格的批判反思，将海洋文化不同于陆地文化和一般文化的基本内涵和本质特征表达出来。他从社会个体生成论（the Social-individual Growing-up Theory）的意义上，借助动态和静态有机统一的生成论视角，从人们从事海洋社会实践的角度和社会与个体的有机生成性联系出发，深入反思海洋文化活动与海洋物质实践活动的本质区别，由此认为：“所谓海洋文化，就是作为社会个体而存在的现实主体，在其具体进行的与海洋有关的认识活动和社会实践活动的基础上，在其基本物质性生存需要得到相对满足的情况下，为了追求和享受更加高级、更

① 罗婷婷：《海洋文化的制度之维——谈海洋文化与海洋法的关系》，载《中国海洋文化论文选编》，海洋出版社，2008，第 151 页。

加完满的精神性自由，而以其作为饱含情感的感性符号而存在的‘以文化物’的过程和结果。”①

通过以上定义我们可以看出，海洋文化本身是一个复杂的文化综合体，它既包含着丰富的外延和多样的表现形式，同时就其哲学内涵来说，也表现出明显的精神价值属性。据此，本文认为，“海洋文化”是在特定时空的现实主体在人海关系互动中，“以文化物”的过程和结果，其核心是作为实践主体的人的精神性认识和价值观念。

海洋文化同时体现着共时性和历时性的特点，既表现了时代的特殊性，也表现了历史的延续性。海洋文化既可以回应时代的呼唤而开拓创新，又关注理论价值取向中本体本位的文化自觉。就外在表现而言，海洋文化可以分为以下三个层面。

一是海洋文化的器物技术层面。从表现形式看，集中于物质生产、技术创造、商贸流通等生产生活领域，并形成与社会实践相关的海洋科学技术与海洋产品，相应地形成了渔业文化、盐业文化、造船文化、航海文化、港市文化等内容。本层面的海洋文化具有明显的同质性特点，即其表现的工具器物及反映的科学技术基本上是工具性的、国际化的技术及产品，较少或根本不反映民族性、地域性的特色，文化标识性较弱。

二是海洋文化的制度层面。其中包括海洋政治制度、海洋贸易制度、海洋军事制度、海洋疆域制度、海洋交通制度等内容，集中表现在政治行政、组织管理、法律政策等社会科学领域。就地域而言，不同国家、不同地区，由于所处地理区位和条件不同，各自的民族文化和历史传统不同，呈现各自不同的特点，构成不同地域的海洋制度文化。本层面的海洋文化具有较明显的异质性特点，即表现的制度安排具有明显的历史传统和文化导向，有较明显的民族性和地域性特点，文化标识性较强。

三是海洋文化价值观念层面。其中包括海神信仰、海洋民俗、海洋艺术等方面，而其中最本质的内容是海洋价值观，集中表现在海洋审美、民俗信仰、海洋宗教、海洋文化哲学等人文科学领域。本层面的海洋文化具有明显的主体性特点，即其体现的文化内容具有明显的民族性、地域性特色，本质地、集中地、稳定地反映了文化传统和价值观念，文化标识性最强。其中，

① 霍桂桓：《非哲学反思的和哲学反思的：论界定海洋文化的方式及其结果》，《江海学刊》2011 年第 5 期。

海洋文化哲学从哲学角度考察海洋文化的基本特征、本质属性与价值取向，是海洋文化体系中最为核心和本质的内容。

在“海洋文化”系统研究中，“中国海洋文化”是我们研究的重点和目标指向。中国海洋文化是中华民族在历史发展中与海洋互动的“以文化物”的过程和结果，其核心是中华民族面对人海关系所形成的相对稳定的文化传统和价值取向。中国海洋文化既是影响中国海洋历史走向的文化底色和深层因素，也是新时代中华海洋文明吐故纳新和包容超越的宝贵价值资源。

三　全球性海洋时代的文化旨趣

综观海洋发展的历史我们可以看到，自人类与海洋进行接触开始，借由海洋而产生的人与海、人与人的文化就表现出一个突出的特征——“征服”。这里既包括在人海互动的过程中，人类不断认识开发海洋而对自然之海的征服，也包括一个民族面对另一个民族因为海洋或借由海洋而发生的对利益之海的征服。古今中外，尽管征服的方式和历程各不相同，但无不有为争取空间和利益而留下的深深烙印。

一是人类对包括海洋在内的自然世界的认知和利用的边界在不断地拓展。人类对海洋的利用空间从近海沿岸到深海两极不断拓展深入；人类对海洋的利用从捡鱼拾贝到耕海为田，甚至掠夺性索取、破坏性开发。人类在征服海洋能力快速提升的志得意满中高歌猛进。这种对自然之海的征服已经因为海洋资源受损和海洋生态平衡破坏而表现出深刻的危机。

二是人类个体及由个体组成的族群、部落、民族和国家之间围绕海洋为拓展生存和发展的利益空间，以各种方式不断进行着征服与反征服的较量，以战争或合作的形式上演着民族兴衰和海洋争夺的历史。征服者自信满满，并以文化输出主导海洋文化价值；被征服者则被历史裹挟，上演着民族和历史的悲歌。

三是作为海洋认知和实践的主体，人类自身不断探索未知自然之海，征服未知领域进而开发利用海洋。同时，面对其他主体在对海洋的认识、策略和价值理念上进行征服与被征服：在认识探索中彼此竞争，相互赶超；在海洋价值理念上彼此吸收与批判，相互影响。

四是从发展趋向来看，人类面对海洋的这种征服活动仍会继续下去。但也可以期待，在这种征服的宏大背景下，其表现形式会更加丰富多元，其具体形式会在前三个方面的基础上不断发展变化，以反思和自我否定的形式表现出来：由掠夺破坏走向可持续发展和人海和谐，由相互冲突走向寻求共同合作，由价值主导走向文化多元。而这正是开展海洋文化研究的旨趣所在，也是人类走出洞穴后寻求世界海洋命运共同体的光明之旅。

在面对海洋的这场持久的以征服为特征的人海矛盾和人人争斗中，人们总会在阴云密布的海空之上寻求一丝光明。这条光明之路该从何处找寻呢？

作为万物之灵的人，不仅要生存，而且要生活，并且要美好地生活。由此，在面对他人与他物的“征服”过程中，不仅会有“生存意志”（the Will to Live），还会有“自由意志”（the Will to Freedom），即“意志的双重性”。这决定了作为人的意志在面向海洋的征服中，一直有两种声音在呼唤，一是要征服，二是这种征服要具有合法性（至少是自认为具有合法性）。这种合法性是有明显主观特点的，与主体的价值和理念密切相关，并不限指现实法律规定，它更注重主体的价值与道德判断；这种合法性也并非等同于合理性，它更在于主体价值判断的认可，如果判断主体的价值观改变，这种合法性甚至会逆转，以相反的内容表现出来。

具体来说，就文化哲学角度而言，“征服”的内涵会更宽泛、更丰富。首先征服表现在两个层面上：不仅包括军事占领、政治管治等现实层面上的征服，也包括文化影响和心理同化等精神层面上的征服。也就是不仅要有武器的征服，还要有征服的武器。这样一来，在征服自然之海和利益之海的过程中，不仅会有军事角逐、政治博弈和经济竞争，还会有理念认同和价值引领的文化激荡，而这种文化激荡会反过来深深地影响和导引政治的、军事的、经济的现实征服过程。

事实上，在被喻为“海洋世纪”的今天，海洋浪潮波及全球，海洋开发与保护同步存在，海洋冲突与合作时时上演。在剑拔弩张的海洋形势下，看似自由平等的海洋贸易背后，是西方文化主导的文化世界的渗透、影响和征服。

就精神层面上的征服来说，不仅包括对他人他物的把握与操控，也包含对主体自我的了解与主宰，不仅要有文化的征服，还要有征服的文化。海洋文化作为一种人类具体海洋实践基础上形而上的精神体验和价值成果，也在表达着这一过程，只不过其表现的方式与现实的征服相比，更多地表现出理想主义和应然色彩。尽管这种文化征服和扩张过程温情而自然，甚至在其主导的国家或个人看来，这个过程是造福世界人类大同的壮举并且带着神圣使命感而来，但就其文化旨趣和本质而言，同样的这一过程，在以此为参照系而判定的“落后”的民族眼中，其与军事占领和政治征服并没有什么本质不同。

同样的过程，在不同人的眼中却有不同的合法性判定。这是为什么呢？在理论研究者眼中，这一过程在现实层次和学术层次上有不同的意旨。从现实层次上看，这是先进文化横扫落后世界的历史进程，落后世界要么情愿地要么被裹挟着进入现代体系。从文化哲学角度看，对其合法性的不同判定正是源于“文化普遍主义”“文化特殊主义”的认识差别。自大航海时代以来，海洋浪潮以西方发达的经济和科技为手段，夹带文化的力量向世界范围扩张（其中诸多的要素既是原因也是结果），包括海洋和海洋文化在内的世界都必须对这种趋势做出选择和应对。而面对这种被动之势，每一个民族都会自发地或自觉地立足于自己的文化历史传统、现实社会资源系统和价值观念系统做出种种努力。对于古老的中华民族来说，三千年未有之变局，危亡全系于海上，进行总体性的文化上的哲学反思，进而对海洋文化哲学进行研究，必定成为新时代海洋文化研究不可回避的历史课题。对包括“文化普遍主义”“文化特殊主义”在内的文化思想进而对体用之论进行思考和讨论，将成为“海洋文化哲学”必须回答的问题。

当下海洋文化的生成不仅要面对“全球化”的海洋浪潮，也要面对世界海洋“多元对话”的新时代背景。这正是基于生成论观点建构海洋文化哲学的重大变化。对包括“文化普遍主义”“文化特殊主义”在内的文化思想进行思考和回答，正如对其他根本性的回答一样，取决于“方法论”研究的根本性突破；而就其内容而言，在中国的语境中讨论这个话题，正如讨论其他文化问题一样，中国海洋文化研究的理论指向是需要给予解答的关键问题。

四　中国海洋文化的研究视野

中国海洋文化的研究视野与中国海洋所关涉的内容紧密相关。在全球性海洋时代，对中国海洋的理解包含着不同的层次：一是地理的；二是社会的；三是文化的①。从文化角度而言，中国海洋文化的研究视野包含以下几个层面。

第一，研究视野指向中国海洋文化，同时关注世界主要海洋国家，通过

① 杨国桢：《海洋迷失：中国史的一个误区》，《东南学术》1994 年第 4 期。

对海洋国家尤其是海洋强国发展历史的考察，从侧面考察中国海洋文化的发展。通过对新航路的开辟、近代以来西方海洋国家兴衰的考察，对比研究中国海洋在不同历史时期的发展，可以更清楚地看到中国海洋发展的路径和轨迹。

第二，研究视野指向中国海洋文化，同时关注中国海洋发展的历史事实。这是中国海洋文化发展理论研究的前提和基础。对中国海洋发展史的研究基本上是考古学和历史学的研究范畴，应详细考察中国自古以来不同时期、不同区域、不同人群的涉海活动事实，依据考古发掘和历史文存等物化形态，描绘中国海洋历史发展的面貌，复原其形态，揭示其意义。中国海洋文化研究涉及于此但不以此为重点，目标重在考察这些物化形态的精神内涵，揭示其形而上的文化意蕴与精神价值。尽管海洋文化的研究也常常以物化形态为考察对象，但对其精神意义的揭示才是根本目的。

第三，研究视野指向中国海洋文化理论，同时关注中国海洋文化丰富的内涵和表达形式。对中国海洋文化具体内容和形式的把握与分析，是进行海洋文化理论分析的事实依据。海洋文化表达的形式和内容十分广泛多样。在当前，海洋文化研究的对象涉及众多内容的辑述与钩沉，但文化哲学视角下的中国海洋文化研究不是海洋文化的一个具体专题研究，是基于文化哲学视角对海洋文化内涵与外延的宏观考察和价值评价。

第四，文化哲学视野下的中国海洋文化研究不是为了寻求制定一份中国海洋发展的战略图谱，其主要目标在于关注新时代中国海洋文化建设和海洋发展的价值倾向和意义表达，是对未来海洋文化发展趋势和方向的宏观观照。中国海洋发展战略将具体关注关涉海洋的政治和制度基础，从国家政策方面经略海洋，通过海洋经济、海洋管理、海洋军事、港船工业的提升，展拓海疆，保卫海防，增强国家海洋力量，说的是怎样去做，涉及方法、手段和技术问题，说的是术；中国海洋文化哲学关注的是为什么要做，为什么要这样做而不那样做，为什么要达到这个目的而不是那个目的，说的是道，是哲学认识问题。

五　对海洋文化产业发展的作用

（一）有助于为海洋文化产业发展提供理论支撑

当前中国海洋事业的发展、中国海洋文化产业的发展都更加需要有文化理论的整体认知和解释，需要中国海洋文化在基础理论、发展理念和道路抉择等方面做出回答，以解决中国海洋文化发展的理论自觉、本体自知和道路自信问题。理论自觉，即面对中国海洋事业的发展，要有文化哲学高度的宏观建构和理论指导，有意识地发挥哲学认知的解释功能，将碎片化的理论认识系统化、哲学化，由自在的理论认识提升到自觉的理论建构，以有理有力的话语体系表达中国话语、中国观点和中国立场。本体自知，即知晓中国海洋文化发展悠久的历史、丰富的内涵和灿烂的成果，自觉体认中国海洋文化历史和遗产本体面貌，客观揭示中国海洋发展历史状况与文化成果，清楚海洋文化发展的资源和价值。道路自信，即借由海洋文化的本体自知和理论自觉，坚信植根于中华文明的中国海洋文化的价值取向、人海定位和目标意旨及其自生自发拓展的内在规律。这个规律不依人的主观判断而转移，不仅是中国海洋历史发展的自然选择和客观反映，也会为新时代中国海洋发展提供重要思想来源，为构建“海洋命运共同体”贡献力量。

（二）有助于推动海洋文化产业的发展

海洋文化产业的发展需要寻找突破口和落脚点，需要具体考察和分析世界各个海洋国家和海洋区域海洋发展史的开端、过程和现状，具体分析其历史变迁的原因，总结其经验和教训。对世界海洋强国海洋文化发展进行考察，目标是凸显和明晰中国海洋文化的历史变迁过程；谈中国海洋文化对区域和世界海洋文化的影响，是为了更清楚地了解中国海洋文化的价值与意义；谈中国海洋文化与西方海洋文化价值取向的差异，是为了更确切地把握中国海洋文化的特质；谈中国海洋发展战略与西方海洋强国发展战略的不同，是为了明晰什么样的发展战略才是中国传统海洋文化一以贯之的理念。这样做，可为我们进一步发展海洋文化产业、打造海洋文化产品提供方向与定位。

（三）有助于优秀海洋文化产品的生产和输出

因为中国海洋文化具有丰富的内涵和表达形式，可采取形式多样的方法拓展海洋文化产品的生产与传播领域。例如使用影视作品、文学作品、会展、节庆、新媒体等，提升海洋文化产品的附加值，壮大海洋文化产业。

（四）有助于提高全民海洋意识

可在维护海洋权益、督促海洋生态建设、发展海洋文明、提升海洋文化自信、推进中国海洋强国战略和文化强国战略的实施等方面发挥积极而重要的作用。

Semantic Analysis of Chinese Marine Culture and Effect on Marine Culture Industry

Hong Gang

(School of Marxism Dalian Maritime University Dalian Liaoning, 116023, P. R. China)

Abstract: The study of Chinese marine culture in the perspective of cultural philosophy requires a clear semantic analysis and connotation definition under the premise of objectively understanding the historical development of Chinese marine culture, fully demonstrating the value tradition and cultural characteristics of Chinese marine culture, in a global. The cultural interest of the marine era and the common theoretical orientation of Chinese marine culture research, clarify the current research horizon of Chinese marine culture, determine the scientific research dimension, and continue the endless life of Chinese marine culture under the premise of maintaining national subjectivity. Answering basic theories, development concepts, and roads to solve the theoretical consciousness, ontological self-knowledge, and road self-confidence of China's marine culture development. Under the new era, it will provide theoretical support for the development of maritime culture industry and contribute to the production and output of excellent maritime culture products.

Keywords: New Era; Cultural Philosophy; Chinese Marine Culture; Semantic Analysis; Maritime Culture Industry

（责任编辑：王苧萱）

《中国海洋经济》征稿启事

《中国海洋经济》是由山东社会科学院主办的学术集刊，主要刊载海洋人文社会科学领域中与海洋经济、海洋文化产业紧密相关的最新研究论文、文献综述、书评等，每年的4月、10月由社会科学文献出版社出版。

欢迎高校、科研机构的学者，政府部门、企事业单位的相关工作人员，以及对海洋经济感兴趣的人员赐稿。来稿要求：

1. 文章思想健康、主题明确、立论新颖、论述清晰、体例规范、富有创新。文章字数为1.0万~1.5万字。中文摘要为240~260字，关键词为5个，正文标题序号一般按照从大到小四级写作，即："一""（一）""1.""（1）"。注释用脚注方式放在页下，参考文献用脚注方式放在页下，用带圈的阿拉伯数字表示序号。参考文献详细体例请阅社会科学文献出版社《作者手册》2014年版，电子文本请在www.ssap.com.cn"作者服务"栏目下载。

2. 作者请分别提供"基金项目"（可空缺）和"作者简介"。"作者简介"按姓名、出生年月、性别、工作单位、行政和专业技术职务、主要研究领域顺序写作；多位作者合作完成的，请提供多位作者简介；并附英文题目、英文作者姓名、英文单位名称、英文摘要和关键词；请另附通信地址、联系电话、电子邮箱等。

3. 提倡严谨治学，保证论文主要观点和内容的独创性。对他人研究成果的引用务必标明出处，并附参考文献；图、表等注明数据来源，不能存在侵犯他人著作权等知识产权的行为。论文查重比例不得超过10%。

来稿本着文责自负的原则，因抄袭等原因引发的知识产权纠纷作者将负全责，编辑部保留追究作者责任的权利。作者请勿一稿多投。

4. 来稿应采用规范的学术语言，避免使用陈旧、文件式和口语化的表述。

5. 本集刊持有对稿件的删改权，不同意删改的请附声明。本集刊所发表的所有文章都将被中国知网等收录，如不同意，请在来稿时说明。因人力有限，恕不退稿。自收稿之日 2 个月内未收到用稿通知的，作者可自行处理。

6. 本集刊采用匿名审稿制。

7. 来稿请提供电子版。本集刊收稿邮箱：1603983001@qq.com。本集刊地址：山东省青岛市市南区金湖路 8 号《中国海洋经济》编辑部。邮编：266071。电话：0532－85821565。

《中国海洋经济》编辑部

2019 年 10 月

图书在版编目(CIP)数据

中国海洋经济. 2019 年. 第 2 期 : 总第 8 期 / 孙吉亭主编. -- 北京 : 社会科学文献出版社, 2020.4

ISBN 978 - 7 - 5201 - 5967 - 8

Ⅰ. ①中… Ⅱ. ①孙… Ⅲ. ①海洋经济 - 经济发展 - 研究报告 - 中国 - 2019 Ⅳ. ①P74

中国版本图书馆 CIP 数据核字(2020)第 011998 号

中国海洋经济（2019 年第 2 期 总第 8 期）

主　　编 / 孙吉亭

出 版 人 / 谢寿光
组稿编辑 / 宋月华
责任编辑 / 韩莹莹

出　　版 / 社会科学文献出版社 · 人文分社（010）59367215
地址：北京市北三环中路甲 29 号院华龙大厦　邮编：100029
网址：www. ssap. com. cn
发　　行 / 市场营销中心（010）59367081　59367083
印　　装 / 三河市龙林印务有限公司

规　　格 / 开　本：787mm × 1092mm　1/16
印　张：13. 75　字　数：235 千字
版　　次 / 2020 年 4 月第 1 版　2020 年 4 月第 1 次印刷
书　　号 / ISBN 978 - 7 - 5201 - 5967 - 8
定　　价 / 98. 00 元

本书如有印装质量问题，请与读者服务中心（010 - 59367028）联系